正交并联六维力传感器及其应用研究

王志军　贺　静　崔冰艳◎著

ORTHOGONAL PARALLEL SIX-AXIS FORCE SENSOR AND ITS APPLICATION

北京理工大学出版社

BEIJING INSTITUTE OF TECHNOLOGY PRESS

内 容 简 介

随着高新技术产业智能化进程的加快，传感器技术在其发展中逐渐占有越来越重要的地位。六维力传感器作为一类能够检测空间全力信息的传感器在机器人技术、生物医疗、航空航天、汽车制造等领域中有着广泛的应用。本书提出了一种测量分支水平与竖直正交排布的正交并联六维力传感器，对其机构理论、结构参数优化、静/动态标定实验、静/动态解耦实验、六维力传感器的应用等方面进行了深入的分析和研究。

本书可以作为高等院校机械工程学科、控制科学与工程及测试计量技术与仪器等专业的教师和学生参考用书，也可以作为广大从事传感器与检测技术相关科技人员的参考用书。

图书在版编目（CIP）数据

正交并联六维力传感器及其应用研究/王志军，贺静，崔冰艳著.—北京：北京理工大学出版社，2020.6

ISBN 978－7－5682－8553－7

Ⅰ.①正…　Ⅱ.①王…②贺…③崔…　Ⅲ.①力传感器－研究　Ⅳ.①TH823

中国版本图书馆 CIP 数据核字（2020）第 096589 号

出版发行 / 北京理工大学出版社有限责任公司
社　　　址 / 北京市海淀区中关村南大街 5 号
邮　　　编 / 100081
电　　　话 / （010）68914775（总编室）
　　　　　　（010）82562903（教材售后服务热线）
　　　　　　（010）68948351（其他图书服务热线）
网　　　址 / http：//www. bitpress. com. cn
经　　　销 / 全国各地新华书店
印　　　刷 / 保定市中画美凯印刷有限公司
开　　　本 / 710 毫米×1000 毫米　1/16
印　　　张 / 10.75　　　　　　　　　　　　　责任编辑 / 张鑫星
字　　　数 / 202 千字　　　　　　　　　　　　文案编辑 / 张鑫星
版　　　次 / 2020 年 6 月第 1 版　2020 年 6 月第 1 次印刷　责任校对 / 周瑞红
定　　　价 / 56.00 元　　　　　　　　　　　　责任印制 / 李志强

前　言

　　随着智能系统在生产、生活中的逐渐普及，智能传感器技术已成为高新技术的核心之一，它可使智能系统具有类似人脑和五官的功能，感应工作环境中的各种信息。六维力传感器是一种能够同时感知并测量变化的空间力和力矩全部信息的力传感器，它能辅助智能系统完成复杂的操作任务。六维力传感器机构理论及标定实验的研究对提高其实用性以适应工程需求具有重要的意义。

　　目前应用最多的六维力传感器为一体式结构和并联结构。一体式结构虽然结构紧凑、刚度高，但是在其测量敏感元件部位往往都存在一定程度的应力耦合，且无法完全解耦，这对六维力传感器的实际测量有一定的影响。Stewart并联结构理论上能够消除各敏感元件之间的力耦合，这使得对于六维力传感器的结构研究有了新的突破。但是传统Stewart并联结构仍存在如分支排布复杂，加工和装配难度大，实用性不强等不足，也在一定程度上限制了它的发展和应用。

　　针对并联结构的优化设计是提高并联六维力传感器实用性的有效方法。现有的结构优化设计准则如各向同性准则、任务模型等，理论上可以提高传感器的结构性能，但其并不能完全适应特定的工作需求，且优化目标往往会受某些结构的限制，使优化过程不易实现。因此，并联六维力传感器的测量分支排布及结构参数的优化设计仍是提高其实用性的关键问题所在。

　　针对上述问题和需求，本书提出了测量分支水平与竖直正交排布的正交并联六维力传感器，正交分布的测量分支能够实现空间正交平面内力和力矩的部分测量解耦，这种结构将使得测量过程当中的数据处理大大简化。本书还将面向实际测量工作的需求，在分析现有优化方法的基础上，提出一种简单易行并且能够通用于并联结构的优化设计方法，以在满足工况要求的前提下得到切实可行的传感器结构。在理论分析的基础上，本书也对传感器的静、动态标定实验进行了研究，对标定算法及实验方法进行深入的分析和设计，为进一步提高传感器的实用性奠定基础。为了满足传感器使用工况要求，对该正交并联六维力传感器进行了静/动态解耦研究，为进一步降低传感器耦合奠定了理论基础。最后对六维力传感器在力觉示教方面应用做了介绍，并设计了机器人力觉示教控制系统，成功实现机器人力觉示教轨迹运动。研究工作将对六维力传感器在工程中的实际应用奠定一定的理论和实验基础。

本书由华北理工大学王志军、唐山工业职业技术学院贺静和华北理工大学崔冰艳共同完成。本书在撰写过程中，参考并引用了许多专家、学者的论著，在这里表示衷心的感谢，正是他们在各自领域中的独到见解和研究成果为作者提供了宝贵的参考资料，使作者能够在借鉴现有成果的基础上，开展研究并形成本书。本书的完成也离不开华北理工大学河北省工业机器人产业技术研究院课题组多名研究生所做的十分有意义的贡献，在此向他们表示感谢。

传感器技术涉及机械、信息、电气、计算机等领域，内容丰富，应用广泛。由于作者水平有限，书中难免有疏漏之处，恳请广大读者和同仁批评指正。

著　者

目　录

第 1 章

绪　论

历史上第一台工业机器人于 20 世纪 50 年代末诞生，自此至今，随着计算机科学技术的不断发展，以机器人为代表的智能系统逐渐在航空、国防、机械电子、冶金能源、医疗等高新技术领域占有重要的地位。机器人系统智能化水平、人机交互能力的迅速提高使得智能机器人在生产、生活中的应用不仅产生了良好的社会和经济效益，而且正越来越大地改变着人类的生活方式[1]。

1.1 研究背景

在机器人系统中，智能传感器能够使机器人具有类似人脑和五官的功能，可感应工作环境中的各种信息。随着机器人科学技术的迅速发展，智能传感器作为高新技术领域的核心之一，在精密测量、信息技术及智能控制等领域的应用已日渐普及。例如，ROTEX 计划中[2]智能机器人的灵巧手即是由多个传感器组成的，如图 1-1 所示，其末端执行器上共安装有 15 个传感器，包括激光测距仪 9 个，触觉传感器阵列 2 个，采用应变片作为敏感元件的六维力传感器 1 个，手指驱动器 1 个，微型 CCD 摄像机 1 个，采用光电原理的柔性六维力传感器 1 个。智能传感器涉及力、热、声、光、电等多个检测领域，其中力传感器可使机器人工作过程中对环境力信息进行采集和传送，在整个系统中有着十分重要的作用。

当机器人在三维空间工作时，作用在其末端上的负载实际上包含空间三维力分量以及三维力矩。因此，为使机器人能够获得外部工作环境对其产生的全

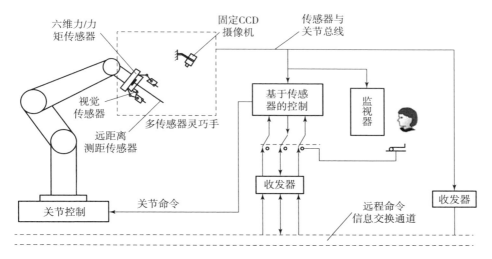

图 1 - 1 智能机器人系统

力信息，保证对机器人运动的精确控制，在机器人手腕往往需要安装能够同时检测六个空间力分量的传感器。这类传感器即被称为六维力传感器，它因能够全面检测空间力学信息而成为非常重要的一类智能传感器。在机器人进行轴孔配合、曲面或曲线跟踪、双臂协调等复杂的操作任务时，可采用六维力传感器通过监测工作中方向及大小不断变化的力/力矩而获得较好的运动控制效果。

随着科技的进步，六维力传感器在工业工程等高新技术领域中都有着迫切的需求和广阔的应用前景。在航空航天领域，"天宫一号"与"神舟九号"即由六维力传感器帮助实现其平稳的空间对接，如图 1 - 2 所示。六维力传感器还可以应用于模拟飞行器螺旋桨的空气动力学测量，可实现飞行器在空气动力载荷作用下受到的变化的空间六维力的精确测量；也可用于测试飞机起落架的力学性能[3]帮助提高飞机安全性，如图 1 - 3 所示。在机器人领域中，六维力

图 1 - 2 空间对接

图 1 - 3 飞机起落架

传感器常被安装在机器人的手指、手腕等运动关节中，用于检测工作中的空间六维作用力，以实现机器人智能控制。在汽车设计制造领域其可用于进行汽车行驶期间的加速、制动等过程中车轮与地面接触作用力的大小[4,5]，对汽车方向的可操纵性、运行稳定性等技术指标提供了可靠的测量数据，并且为汽车设计制造及综合性能的提高提供了有力的实验依据。在医疗[6]和精密装配等领域六维力传感器作为智能操作系统的力觉信息采集与传递装置也有着非常广泛的应用。因此，六维力传感器机构理论及标定实验的研究对于各行业的工程需求而言有着重要的作用。

1.2 六维力传感器研究发展现状

自 20 世纪 70 年代以来，由于六维力传感器在生产实际中的应用需求越来越明显，与其相关的研究也逐渐成为众多学者关注的焦点。六维力传感器结构设计理论与工程应用技术也在不断改进与成熟。在设计与制造过程中，力敏元件的设计很大程度上决定了传感器最终的测力性能，而且不同工作环境对其整体结构的确定也有很大影响。

1.2.1 六维力传感器的国外研究现状

一体式和组装式是目前六维力传感器结构设计中最常采用的两大类。1987年，Uchiyama[7]和Bayo[8]等设计了一种十字梁一体式六维力传感器，如图 1-4 所示，它具有刚度高的特点，但动态特性不理想且难于加工。21 世纪初，Liu 等[9]提出一种将 4 个 T 形梁构成力敏元件的六维力传感器，如图 1-5

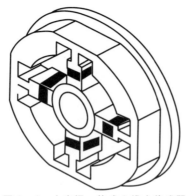

图 1-4 十字梁一体式六维力传感器

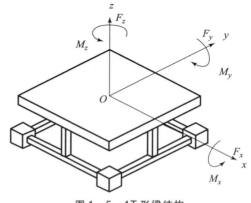

图 1-5 4T 形梁结构

所示，并对它的整体结构进行了有限元分析及优化来提高测量灵敏度。

澳大利亚的 Wei 等[10]对十字梁结构传感器进行了改进，并将其应用在赛车轮胎与地面间六维作用力的检测。十字梁结构具有良好的精度和线性度并且在使信号强度提升的同时降低了约束力，进而改善了赛车的操作稳定性。2005年，Kang[11]提出了十字八孔结构的六维力传感器，此种结构有效地改善了其测试中的信噪比。Kim[12,13]将十字梁六维力传感器应用在智能机器人的四肢，其结构如图 1-6 所示。2014 年，G. Palli 等提出一种光电六维力传感器，如图 1-7 所示，并对其在机器人控制中的应用以及用于水下机器人作业时的材料密封等性能进行了研究[14,15]。

图 1-6 Kim 采用的六维力传感器

图 1-7 光电六维力传感器

1.2.2 六维力传感器的国内研究现状

19 世纪 80 年代初期，有关于六维力传感器的研究也引起了国内众多学者的广泛关注，针对其基础理论、结构性能的优化、标定实验、测量性能及其工程应用等相关问题展开了深入的分析和研究，先后研制出多种不同结构形式、不同测量原理的六维力传感器。

20 世纪 80 年代末，我国第一台六维力传感器于中科院研发成功[16]并投入批量生产，产品在国内多家企业得到广泛应用，收到很好的反响。20 世纪 90年代中科院、哈工大等单位联合开发出的 SAFMS 型多维力传感器通过了中国计量研究院的产品定型鉴定[17]且在科研院所得到应用。

21 世纪后，六维力传感器的精密程度有了较大提高，对数据处理、动态补偿等研究均有了较大进展。韩玉林等[18]于 2008 年研制了正交串联六维力传感器，其由三个空间两两正交的矩形截面梁串联而成，所有矩形截面梁都有两个应变片，能够通过计算得出空间六维力，具有测量过程简易、加工方便、设计简单等优点。

随着研究不断深入，国内专家对六维力传感器的力敏元件材料、实验的研究工作有了一定的进展。茅晨等[19]研制出新型的十字梁式六维传感器，如图1-8所示，通过对此传感器有限元分析及优化，得出各点的受力情况，确定了应变片粘贴的最佳位置。大连理工大学李映君等[20~25]设计并研制出一种大量程的六维力传感器，如图1-9所示，该传感器选用压电石英作为其力敏元件，测得作用在测量轴上的六维力，分析了测量偏差产生的主要原因，对主要参数及分载比的影响进行了研究，通过实验验证了力敏元件相对合理的排布方式，并为作用在轴上的六维力测量提供了理论及实验依据。

图1-8　十字梁式六维力传感器　　　　　　图1-9　压电石英大量程六维力传感器

1.2.3　Stewart 并联结构六维力传感器研究现状

上述传感器的结构都具备刚度高、结构紧凑等优点，这类结构称为一体式结构，但其力敏元件的测量都存有一定程度上的耦合，即力敏元件的输出信号与空间六维力的每个力/力矩分量有关无法实现完全解耦，这就对其测量精度有一定的影响，所以上述结构的弹性体设计适用的测量对象范围较窄。

Stewart 并联机构凭借其特有的结构优点，如刚度较大、承载力强、无误差积累等[26]，在设计中得到了良好效果。基于 Stewart 并联结构的六维力传感器测量分支杆采用球铰结构与本体连接，敏感元件设计在分支杆上，对传感器机构进行静力学分析可得，其受空间外力时各分支上的敏感元件间没有应力耦合，所以不需利用改变贴片方式进行解耦。因此，由于结构上的这些优势，许多学者都基于 Stewart 平台演变研制出不同形式的六维力传感器，并以此作为基础对其进行参数优化、测量性能分析等方面进行了深入的研究。

Dwarakanath[27~29]设计了环形敏感元件及基于点接触式和梁式六分支两种结构的六维力传感器，分别如图 1 – 10 所示。

（a）

（b）

图 1 – 10 Dwarakanath 等的六维力传感器

（a）环形敏感元件及基于点接触式；（b）梁式六分支

Ranganath[30]和 Krouglicof 等[31]也对 Stewart 并联结构六维力传感器进行了研究，如图 1 – 11 所示。Zhen Gao 等[32]研制了一种三维加速度传感器，其敏感元件采用铝合金材质，以 3RRPRR 形式布置，能够实现完全解耦，如图 1 – 12 所示，利用人体动作实验研究确定了其测量可行性。Mura[33]研制了一种基于 Stewart 并联结构的六维位移传感器。该传感器以单维位移传感器作为测量分支，将待测物体放在上下平台之间，依据并联机构运动学求解空间内的三维移动和三维转动。

图 1 –11 Ranganath 等的六维力传感器   图 1 –12 Zhen Gao 等的三维加速度传感器

在国内，熊有伦[34]研究了各向同性的定义和相关性质，同时提出了机器人传感器优化设计原则。王航等[35]对任务模型又进行了进一步的研究，通过优化结构参数使传感器数学模型能够满足任务椭球，从而适应实际测量需求。赵永生等[36,37]提出了一种预紧式六维力传感器，设计了该样机同时进行了实验研究，如图1－13所示。在之后的研究中，燕山大学王志军提出并设计出双层预紧式六维力传感器，如图1－14所示，同时对其基础理论及静态、动态标定实验进行了研究。2013年，赵延治[38]等提出了一种12分支结构的并联六维力传感器，如图1－15所示，并进行了受力及仿真分析。

图1－13　预紧式六维力传感器　　　　　图1－14　双层预紧式六维力传感器

图1－15　12分支并联六维力传感器

1.2.4　六维力传感器标定实验研究现状

很多研究结果表明标定补偿计算是提高传感器性能的最有效手段之一[39]。梁桥康等[40]设计了一种E膜片六维力传感器并对其进行标定研究。该传感器具有测量灵敏度高、过载保护、敏感元件耦合小等特性。贾振元等[24,41]研制出轴用大力测量的六维力传感器，分析了其结构形式六维力传感器的测量原理。2013年，刘砚涛等设计了一种八梁结构轮辐式六维力传感器的静态标定实验台，并从传感器的静态耦合特性和解耦算法两方面进行了研究。武汉理工大学李伟[42]用 BP 神经网络算法研究了六维力传感器静态解耦计算。2015 年，Dan FengChen[43]等设计了一种应用在空间机械臂上的大量程六维力传感器，如图 1 – 16（a）所示，并对其弹性体进行了设计研究，最后对其进行了标定实验如图 1 – 16（b）所示。

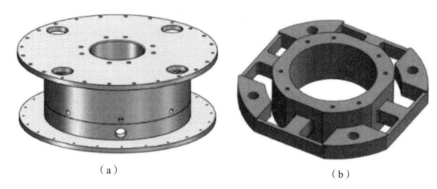

（a） （b）

图 1 – 16 大量程六维力传感器

1.3 六维力传感器解耦研究现状

1.3.1 不同领域解耦研究现状

到目前为止，基于传递函数的动态解耦矩阵分析方法具有简单的解耦网络和清晰的思路。动态解耦需要高精度的模型，然而，由于系统中存在测量误差、干扰以及识别方法的局限性，从而导致识别到的系统模型常常不太准确，并且致使系统的精准度大大降低[44~47]，因此解耦对于六维力传感器极其重要。

E. Rumelhart 和 J. L. McClelland[48~49]在 1986 年探究出了一种新的神经网络——运用误差反向传播训练算法（即 BP 神经网络），并且他们在一定程度上解决了一些问题，如多层网络中隐藏单元连接权的学习问题。合肥工业大学的徐科军等人[50]在 1999 年的时候基于不变性原理探究出了一种新的方法，通过添加解耦网络来减少解耦模型的顺序以消除层间耦合，但是此方法存在一定难度，并且适应性较高。2001 年，东南大学的宋国民等人[51]研究出了一种以对角优势矩阵为基础的动态解耦方法，但是此方法仅能做到近似解耦，无法做到完全解耦。2008 年，沈阳航空学院的刘秀芳等人[52]将独立成分分析（ICA）

方法应用到处理航空发电机振动信号之中，而且实验证明此方法的分离效果非常好。2009 年，淮阴师范大学的俞阿龙[53]研究出运用遗传小波神经网络进行动态补偿，此方法可以监控测量系统的响应速度。

1.3.2　并联机构解耦研究现状

并联机构的研究基本上是多环或多自由度结构，并且每个分支之间存在运动耦合，减少了串联连接的分离的容易性，这对于分析并联机构的性能非常不方便。所以，并联机构的设计和分析中要思考的关键问题就是运动解耦。

Guo[54]探究出了一种局部结构解耦方法（LSDM），此方法在很短的时间内能够实现平动和转动的解耦。Hayward 等人[55]通过几何分析，他们探索了三种平行的解耦机制，其自由度较小，可实现不同类型的解耦运动。

王宪平等人[56]利用螺旋理论探究了普通机构的解耦确定方法以及运动分类，并把此方法应用到设计一个二自由度旋转机构中。基于构型原理，张建军等人[57]探究出了一类具有解耦结构的微型操作平台，并对其做出了极其细致的分析。文献[58]中提出，只有通过使用结构解耦方法，才能更简单地实现运动解耦，而且对运动解耦的机理进行了全面分析。宫金良等人[59]探究出了动坐标解耦的方法，此方法大大地简化了控制系统的设计，与此同时，他们还提出条件解耦有利于设计机构控制系统，并且用实例证明了这两种方法。（雅可比矩阵可以直接在 MATLAB 软件中使用）

该机制具有输入和输出运动解耦，最理想的条件是输入参数控制输出变量。因此，输入输出运动解耦的实现不仅是机构设计的重要目标，也是并联机构探索的热点之一。

1.3.3　并联六维力传感器解耦研究现状

能够在多于两个方向上同时测量力和力矩分量的力传感器是多维力传感器，其是能够实现智能机器人应用的最重要的传感器之一。它可以用来监测大小和方向不断变化的力，力和力矩可以在笛卡尔坐标系中各自分解成三个分量。因此，六维力/力矩传感器是多维力最完整的形式，它可以同时检测空间中的三维力矩信息和三维力信息。由于力传感器需要功能强大、结构紧凑、机械设计体积小，因此尺寸间耦合问题是并联六维力传感器的常见问题。精确测量多维力传感器的关键问题是消除尺寸之间的耦合，即解耦问题，这也是机器人实现智能控制的一个极其重要的先决条件。

高峰和金振林等人[60~61]探究出了一类并联结构的六维力与力矩传感器，并且以空间模型理论为基础探究出了传感器的设计问题。王志军和赵延治等人[62~65]采用了多维力传感器的"自校准"设计理念，以接入球解耦和并联正交分布力分支为辅，构造了一种多分支过约束传感器结构，用于研究和设计一种新型的全电压线弱耦合自校准并联六维力传感器。

传感器在任何方向上的输出信号和每个力分量与力矩分量有关系，即每个通道之间都存在耦合，需要进行解耦才可以得到所需的力信号。国内多年来围绕并联六维力传感器静态解耦做了深入研究以及对动态解耦的初步尝试，通过这两项工作取得了并联六维力传感器静态解耦的突破性成果。

1.4 机器人力觉示教技术发展现状

1.4.1 示教技术的解析与分类

机器人最终还是由人来操作的，所以一定的示教是必需的，所谓示教，其实是由人工给予机器人一个运动轨迹，机器人按照轨迹路线完成既定的加工要求[66]。机器人示教的工作原理是通过赋予执行机构末端的位置和姿态参数，确定操作空间内的位置坐标，从而衔接成一条运动轨迹。机器人内部则是以各关节的最优配置关节转角驱动连杆完成相应运动指令。其他方面包括机器人与辅助设备的同步配合以及执行机构速度、加速度、角速度的整体调控[67]。以下是对机器人位姿示教的分类介绍，大致可分为直接示教、遥控示教、间接示教和离线示教[68]，如图 1-17 所示。

由于关节驱动的方式不同，直接示教分为两大部分[69]：一种是各关节驱动电动机处于自由状态的功率级脱离示教，该示教方式属于人机协作示教，由操作者牵引执行机构末端，按照预定轨迹完成示教运动[70]；另一种是各关节驱动电动机处于自锁状态的伺服级接通示教，通过加装力传感器于执行机构末端，引导机器人按照既定轨迹运动[71]。功率级脱离示教对于示教者的劳动强度比较大，故应用领域比较受限。

遥控示教法中最常见的示教方法是示教盒示教，也是目前应用比较广泛的一种方法[72]。示教盒示教是通过遥控一个多功能操作盒，实现控制机器人位置和姿态轨迹的目的，优势在于可以远距离操纵机器人，示教盒示教通过远距离操纵方向摇杆可以直接线性控制执行机构末端的位置变化，也可以单独控制某个关节的转动，操作灵活多变，可适用于多种场合，移动到既定位置完成坐标点记录，反复以上动作，形成一条由坐标点连接而成的运动轨迹，自动完成

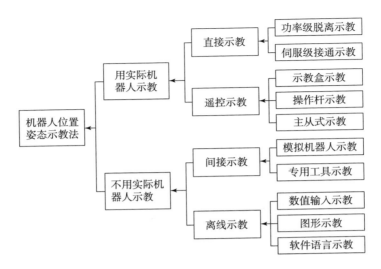

图 1-17 示教技术分类

轴参数配置，确定最优关节驱动转角，同时，还可以设置动作的先后顺序以及对末端执行机构位置的精确定位，并对其进行微量调整。该示教方法面对复杂的运动轨迹很难实现精确记录每一点，故一般用于简单的运动轨迹，通过插补算法得出示教点中间的轨迹[73]。由于该示教方式的局限性，面对需要完成很多点示教的复杂场合，这种示教方式不仅费时费力，还无法达到精确的工艺要求，间接影响生产效率。另外，对于一些像抛光、打磨、曲面跟踪等复杂轨迹的情况，也同样很难满足要求。遥控示教还包括主从式机构联动示教[74]，示教者只需要操控示教端就可以间接控制操作端的运动情况，该示教方式多用于高温、辐射等对人体不利的情况[75]。

间接示教的典型方式是基于虚拟现实技术的示教方法。作为高端人机界面，虚拟现实允许用户通过各种交互设备（如声音、图像、力和图形）实时与虚拟环境进行交互。根据用户命令或操作提示示教或监控机器人完成复杂任务[76]。综上所述，虚拟示教技术的主要特点是：依靠相应作用的传感器（如视觉、听觉、力觉传感器）和对应的数学模型支撑，使人与虚拟世界交互时产生一种"身临其境"的真实感，仿佛自己身在机器人中，能够灵活自如地控制机械臂运动，从而为用户提供一种全新的人机交互示教环境[77]。

离线示教通过计算机模拟工件原型，在计算机仿真软件中进行示教工作，完全还原实际机器人的工作情况，最后将示教控制程序导入到机器人系统，完成示教再现工作。但该示教方式对示教者要求比较高，需要掌握一定的计算机编程能力和运动学原理[78~79]。

1.4.2 力觉示教的发展前景

力觉示教是一种依托于力传感器的人机协作示教方式。操作者与机器人零距离接触，以力传感器为媒介，将示教者的施力意图传达给机器人控制系统，从而控制执行机构按照既定轨迹运动，并记录下运动轨迹，实现力觉示教的轨迹再现运动[80]。力觉示教是一种友好的人机交互示教方式，示教者可以直接传递示教意图给机器人，不需要熟悉复杂的机器人技术，也不需要掌握机器人编程功能。因此，即便是没有经验的操作工人也可以轻松操作机器人到达期望的目标并实现一定的运动轨迹，某种程度上降低了对一线工人的要求，节约成本的同时提高了机器人示教编程的效率，将该技术应用于实际工业生产将大大提高生产效率。

未来工业生产制造的发展会更注重于工业机器人技术的运用和发展，直接示教技术作为一种实用高效的示教方法，改写传统烦琐的示教方法，以一种全新的引导式编程来完成机器人示教工作，这一技术的问世革新了工业生产领域的智能化发展，将人机互动的示教理念植入机器人系统，为工业机器人发展掀开新的篇章。

目前，直接示教技术在国外已经有研究者发明了不同生产领域的直接示教设备，甚至已经投入实际生产中。韩国的 SeungHoon Lee，Jin Ho Kyung 等人[81]，依靠两个六维力传感器的力反馈性能，研发了一款去毛刺的直接示教装置，其中一个力传感器用于检测示教者的施力意图，另一个用来感知机器人执行器末端与打磨工件的接触情况，实时反馈对运动轨迹做出微量调整，如图 1 - 18 所示。

图 1 - 18 工件去毛刺

相关的研究还有韩国首尔 Sung choon Lee，Changyoung Song 等人[82]，研发了两种可用于接触表面的示教装置。其中一种可以在淬火感应中应用，为了保持恒定的运动速度和淬火装置与工件之间的恒定距离,利用一个位置传感器和一个滑动机构,补偿了工具轴向位移的偏差,实现了工件表面稳定淬火的目的;另一种应用在玻璃幕墙接触安装的场合,如图1－19所示。同样依靠两个力传感器相互协作,同时反馈示教者和外界环境的力/力矩信息到机器人编程系统[83]。

（a）　　　　　　　　　　　　（b）

图1－19　安装玻璃幕墙

2017年在日本东京举行的国际机器人展上,ABB最新款单臂协作机器人IRB14100首次展现在世人面前,如图1－20所示,它可以不知疲倦地,日复一日地从事各类精细工作[84]。这对于有大量小件装配、检验等需求的手机制造业等工业至关重要。ABB的YuMi家族机器人可由未经特殊训练或不具任何经验的人直观地进行引导式编程,即机器人的手臂可轻松地被人徒手移至指定位置,大大减少编程时间。

由于机器人控制系统的封闭性,以上所述的直接示教技术仅仅适用自身研发的机器

图1－20　IRB14100机器人

人,不能很好地应用于市面上的多数机器人,这也是人机协作示教技术所面临的问题。

我国机器人发展起步于20世纪70年代,当时国内科技发展比较落后,也缺少雄厚的资金基础和正确的技术指导,不论是理论水平还是具体操作都远远落后于国外发达国家。随着对机器人领域的深入了解,我国自改革开放后,开

始大力发展机器人技术，取得一些成果，完成了机器人示教再现的关键性技术，并广泛应用于搬运、喷涂、打磨等方面[85]。经过多年的不懈努力以及我国综合国力的提升，机器人技术得到了长足的发展，逐渐进入企业代替一些人工操作，在高温、辐射等对人体有极大伤害的环境中，能够出色的代替人工完成操作。但仍面临严峻的智能化机器人挑战，国内相关研究机构正在深入地发掘机器人示教创新技术，无论是民用机器人还是军用机器人，都得到了极大的提高，虽然某些领域仍然落后于国外，但在结构设计、系统编程和微量控制等方面有了长足的进步[86~87]。

1.5　六维力传感器应用研究现状

随着第一台工业机器人于 20 世纪 50 年代末诞生，机器人的应用快速遍及军事、医疗、航空航天、国防、冶金能源等各个领域。计算机的高速发展，使人们对机器人的智能化要求进一步提高，为此提出了智能传感器，让机器人可以像人一样拥有五官功能，自主感知外界环境信息，实现更加智能、灵活的机器人操作方式。

自 20 世纪 70 年代以来，六维力传感器快速走进机器人生产制造领域。当机器人在三维空间工作时，其执行末端实际上包含空间三维力/力矩，通过六维力传感器与机器人执行末端的结合，可以实时检测外界环境对其产生的全力信息，保证机器人运动轨迹的精准性。在曲面跟踪、轴孔装配等复杂操作场合，能够实现较好的控制效果。

国内外各研究机构纷纷展开六维力传感器应用方面的研究[88~94]。目前六维力传感器在医疗、工业机器人等高新技术领域已有了成功的应用实例。它可以帮助机器人完成复杂高精的工作。

Seibold 等[95]研制了一种应用于微创机械手末端的微型六维力传感器，如图 1-21 所示，该传感器是基于 Stewart 平台结构研制的，利用力觉反馈可实现微创手术的远程操作。Jacqa 等[96]设计了结构简单的六维力传感器，如图 1-22 所示。该传感器的敏感元件处于同一平面内，使用高发射厚膜系统，拥有很高的精度。Almeida 和 Lopes[97]提出采用 CRID（小型六自由度自动阻抗控制装置）和使用位置控制的工业机器人联控的方法。这种控制策略主要应用于受不定空间接触力的各种任务中，如轴孔装配与曲面跟踪等，如图 1-23 所示。

图 1-21　微创机械手传感器

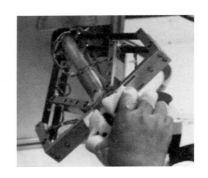

图 1-22　手腕康复六维力传感器

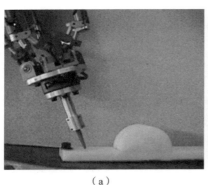

（a）

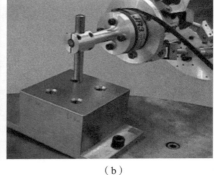

（b）

图 1-23　阻抗控制典型任务

（a）曲面跟踪；（b）轴孔装配

　　近年来国内学者也对智能力传感器在智能控制系统中的实际应用进行了相关研究。王晓东和王全玉[98]在 2004 年研制出配有被动柔顺装置的柔性腕力传感器，采用非接触式光电检测装置实现测量系统对位置/姿态变换的检测，在机器人作业中能够提供主动与被动柔顺，具有位置灵敏度及精度高的特点。2008 年上海交通大学的李彦明等[99]设计出一种带有并联结构六维力传感器的机械手结构。该机械手六维力传感器用于测量夹持机械手在工件夹持中的作用力信息，并可根据受力信息的反馈实现机械手姿态的调整。

第 2 章

正交并联六维力传感器数学模型及静力学分析

以传统 Stewart 平台演变得到的多种不同形式的并联结构是目前六维力传感器机构设计中较为成功的一类。对于分析此类结构的基础理论也有多种不同的方法，如螺旋理论（也称旋量代数）、李群、李代数等。其中，螺旋理论在三维实体空间和六维抽象空间分析中的应用为机器人学等方面提供了严谨及有效的分析方法[100~103]。本章将运用螺旋理论推导并建立广义并联多分支六维力传感器结构的数学模型，并根据建立的数学模型进行正交并联六维力传感器的机构设计及理论分析。

|2.1 基于螺旋理论的六维力传感器数学模型|

螺旋理论形成于 19 世纪，发展至今，它已普遍地应用在对空间机构的分析中。螺旋又被称为旋量，它能够用来准确的表示空间中的一对对偶矢量。因此，一个含有 6 个标量的旋量概念可以用来同时表述施加在某一刚体上的力和力矩，这一特点在空间机构的运动和动力分析中的应用是非常便捷的[104~107]。

2.1.1 螺旋理论概述

作用在刚体上的空间力系均可以合成后表示为一个具有确定位置的力螺旋量，即将其表示为一个力线矢 $f_i(S_i; S_i^0 - h_i S_i)$ 和与之共线的力偶矢 $f_i(0; h_i S_i)$ 之和。

力螺旋量可以表述为力 f_i 与单位旋量 $\$_i$ 的数量积，$f_i \$_i = f_i S_i + \in f_i S_i^0$，或

写为

$$f_i \$_i = f_i S_i + \in f_i (S_{0i} + h_i S_i) \qquad (2-1)$$

式中，$\in$ 为对偶标记，且 $\in^2 = \in^3 = \cdots = 0$；第一项为 S_i 方向的作用力，第二项为作用力对原点的矩 $f_i S_{0i}$ 与沿 S_i 方向的力偶矢 $f_i h_i S_i$ 之和，或者说是整个空间力系对原点所取的矩。式（2-1）还可以简写为 $f_i \$_i = f_i + \in C_0$，此力螺旋的节距以 f_i 及 C_i^0 表示为

$$h_i = f_i \cdot C_i^0 / (f_i \cdot f_i) \qquad (2-2)$$

对于与力螺旋量的轴共轴线的力偶矢 C_i，它的节距可化简后表示为

$$h_i = C_i / f_i \qquad (2-3)$$

由此看来，力螺旋的节距就是贡献的力偶的模除以力的模，它是原点不变量。

当沿 S_i 方向的力偶 $C_i = 0$ 时，刚体上只作用一个力；而当力螺旋中的力 f_i 部分的值等于零时，节距 $h = \infty$，刚体只受力偶作用。

因此，一个力螺旋即可完全表示出刚体在三维实体空间所受的力和力矩，力螺旋的这一特点对于并联六维力传感器的空间静力学分析是非常便捷的。

2.1.2　并联多分支六维力传感器数学模型

广义并联多分支六维力传感器一般由三个主要部分组成，分别为测力平台、固定平台以及测量分支，其结构示意图如图 2-1 所示。将坐标系 $Oxyz$ 建立在测力平台上作为基础坐标系。测力平台上的分支球铰点 b_1，b_2，$\cdots$，b_n 对于基坐标系的空间位置用矢量 b_1，b_2，$\cdots$，b_n 表示，固定平台上的分支球铰点 B_1，B_2，$\cdots$，B_n 对于基坐标系的空间位置用矢量 B_1，B_2，$\cdots$，B_n 表示。

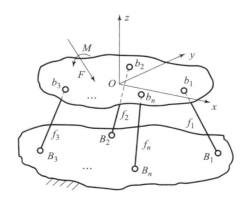

图 2-1　广义并联多分支六维力传感器结构示意图

基于螺旋理论，建立测力平台的静力学平衡方程，有

$$\sum_{i=1}^{n} f_i \, \$_i = F + \in M \qquad (2-4)$$

式中 F，M——施加在传感器测力平台上的空间作用力和力矩；

f_i——分支 i 在测力平台传递的外力作用下产生的轴向力；

$\$_i$——分支 i 的轴线在基准坐标系中的单位线矢，有 $\$_i = S_i + \in S_{0i}$，$S_i \cdot S_i = 1$，$S_i \cdot S_{0i} = 0$，$S_{0i} = r_i \times S_i$；$r_i$ 为分支 i 的轴线上某一点的位置矢量。

将式（2-4）改写为矩阵的形式有

$$F_w = Gf \qquad (2-5)$$

式中 F_w——作用在测力平台上的空间三维外力和空间三维外力矩组成的六维外力矢且 $F_w = [\begin{matrix} F_x & F_y & F_z & M_x & M_y & M_z \end{matrix}]^T$；

f——由测量分支轴向力所组成的向量，$f = [\begin{matrix} f_1 & f_2 & \cdots & f_n \end{matrix}]^T$；

G——测量分支轴向力到空间六维外力的映射系数矩阵，维数为 $6 \times n$，可将其写为

$$G = \begin{bmatrix} S_1 & S_2 & \cdots & S_n \\ S_{01} & S_{02} & \cdots & S_{0n} \end{bmatrix} \qquad (2-6)$$

将各球铰接点对应的坐标向量代入，则式（2-6）可表示为

$$G = \begin{bmatrix} \dfrac{b_1 - B_1}{|b_1 - B_1|} & \dfrac{b_2 - B_2}{|b_2 - B_2|} & \cdots & \dfrac{b_j - B_j}{|b_j - B_j|} & \cdots & \dfrac{b_n - B_n}{|b_n - B_n|} \\ \dfrac{B_1 \times b_1}{|b_1 - B_1|} & \dfrac{B_2 \times b_2}{|b_2 - B_2|} & \cdots & \dfrac{B_j \times b_j}{|b_j - B_j|} & \cdots & \dfrac{B_n \times b_n}{|b_n - B_n|} \end{bmatrix} \qquad (2-7)$$

将 f_n 看作未知数，在传感器结构非奇异，即 G 的列向量不相关时，静力平衡方程有解。此时若 $n = 6$，则静力平衡方程有唯一解，即有唯一的测量分支轴向受力 f_n 与空间六维力 F_w 对应；若 $n > 6$，测量分支数大于使测量平台达到静力平衡的最小数目，则传感器为超静定结构，静力平衡方程有无穷多解，即有多组测量分支轴向力 f_n 可与六维力 F_w 平衡，此时需引入广义逆矩阵来求解测量分支轴向力。伪逆矩阵是广义逆矩阵的一种，由于它具有唯一性，这里引入伪逆矩阵来对并联结构六维力传感器的静力平衡方程进行求解。

|2.2 并联六维力传感器的静力学分析|

在传感器机构的设计过程中，明确空间外力引起的分支轴向力变化规律，

以及六维力分支轴向力映射的关系，求解外力作用下的分支轴向力，对传感器测力性能的评价及结构优化有重要意义，并且为传感器的静态标定及测量过程中的数据处理提供理论依据。

当空间六维力作用在传感器测力平台上时，其各维分量大小和方向的变化均会引起测量分支轴向受力的变化。以 $\boldsymbol{f}$ 作为未知数，则式（2-5）即可看作是一个含有 6 个方程 n 个未知数的方程组。当传感器结构为静定结构，即测量分支数为 6 时，根据线性代数相关理论此时有 $\boldsymbol{G}^{-1} = \boldsymbol{G}^{+}$，则在式（2-5）两边同时乘以 $\boldsymbol{G}^{+}$，得

$$\boldsymbol{f} = \boldsymbol{G}^{+} \boldsymbol{F}_{\mathrm{w}} \tag{2-8}$$

式中　$\boldsymbol{G}^{+}$——测力平台受到空间六维外力向测量分支的映射关系。

当测量分支数大于 6 时，$\boldsymbol{G}$ 的行数将大于列数，即列数大于 6，$\boldsymbol{G}$ 不再是方阵，故 $\boldsymbol{G}$ 不存在逆矩阵，只能应用伪逆矩阵 $\boldsymbol{G}^{+}$ 来对超静定结构传感器的结构静力学进行分析。此时对方程求解有

$$\boldsymbol{f} = \boldsymbol{G}^{+} \boldsymbol{F}_{\mathrm{w}} + (\boldsymbol{I} - \boldsymbol{G}^{+} \boldsymbol{G}) \boldsymbol{y} \tag{2-9}$$

式中　$\boldsymbol{I}$——$n \times n$ 维单位矩阵；

　　　$\boldsymbol{y}$——n 维任意列向量，$\boldsymbol{y} = \begin{pmatrix} y_1 & y_2 & \cdots & y_n \end{pmatrix}^{\mathrm{T}}$。

由式（2-9）求解得到的分支轴向力包含两个部分，分别由静力平衡方程组的特解和通解组成，将它们分别表示为

$$\boldsymbol{f}_{\mathrm{R}} = \boldsymbol{G}^{+} \boldsymbol{F}_{\mathrm{w}} \tag{2-10}$$

$$\boldsymbol{f}_{\mathrm{P}} = (\boldsymbol{I} - \boldsymbol{G}^{+} \boldsymbol{G}) \boldsymbol{y} \tag{2-11}$$

其中，方程的特解 $\boldsymbol{f}_{\mathrm{R}}$ 为测量分支在六维力作用下所产生的反力；通解 $\boldsymbol{f}_{\mathrm{P}}$ 为初始内力。令 $\boldsymbol{I} - \boldsymbol{G}^{+} \boldsymbol{G} = \boldsymbol{\Omega}$，可知 $\boldsymbol{\Omega}$ 为包含结构参数的常数矩阵。由式（2-8）、式（2-10）可得出结论：在并联结构传感器结构参数一定的情况下，分支反作用力 $\boldsymbol{f}_{\mathrm{R}}$ 受六维外力 $\boldsymbol{F}_{\mathrm{w}}$ 影响，初始力 $\boldsymbol{f}_{\mathrm{P}}$ 仅与 $\boldsymbol{\Omega}$ 有关（即仅与结构参数有关）而与 $\boldsymbol{F}_{\mathrm{w}}$ 无关。六维力所构成的抽象六维空间与分支轴向力所构成之间的映射关系可通过图 2-1 的空间线性映射关系图来表达。

如图 2-2 所示，矩阵 $\boldsymbol{G}$ 表示由抽象 n 维空间向抽象六维空间的映射关系，$\boldsymbol{F}_{\mathrm{w}}$ 为值域空间（即传感器受到的空间六维力的集合），$\boldsymbol{f}_{\mathrm{P}}$ 为零空间。抽象 n 维空间包含了 $\boldsymbol{f}_{\mathrm{R}}$ 和 $\boldsymbol{f}_{\mathrm{P}}$ 两个子空间，其中 $\boldsymbol{f}_{\mathrm{P}}$ 为零空间，它不对应到任何六维力，零空间 $\boldsymbol{f}_{\mathrm{P}}$ 所包含的测量分支轴向力仅仅由结构本身来决定。而空间 $\boldsymbol{y}$ 为虚拟映射空间，$\boldsymbol{y}$ 中每一对应向量都有唯一的 $\boldsymbol{f}_{\mathrm{P}}$ 与之构成映射关系。

当传感器处于非奇异结构时，六维力可以完全由测量分支作用反映射得到。因此，静定及超静定结构下的并联六维力传感器在进行测量工作的过程当

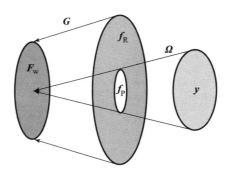

图2-2 六维力与分支轴向力之间的线性映射关系

中六维力与分支作用反力之间的映射关系均由 $\boldsymbol{G}^+$ 决定，则根据伪逆矩阵 $\boldsymbol{G}^+$ 即可由分支输出受力变化的信号值得到唯一的空间六维力值。

| 2.3　正交并联六维力传感器的数学模型及静力学分析 |

从式（2-7）可以看出，当 $\boldsymbol{G}$ 的列向量中部分项为零时，可实现空间正交平面内力或力矩的部分测量解耦，我们从这一特点出发提出了一种正交并联六维传感器。正交并联六维力传感器由固定平台、测力平台、支撑立柱以及测量分支组成，图2-3所示为正交并联六维力传感器六分支结构。测量分支分为两组，分别水平和竖直布置于测力平台和固定平台之间。每个测量分支的中

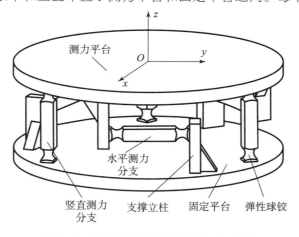

图2-3 正交并联六维力传感器六分支结构

部均贴有应变片，用于检测分支所受轴向力。竖直测量分支和水平测量分支均关于固定平台中心轴线呈圆周对称分布。竖直测量分支两端通过弹性球铰与固定平台和测力平台相连接。水平测量分支两端通过弹性球铰与固定平台和测力平台上的支撑立柱连接，且分支轴线不交于同一点。

　　该六维力传感器的测量分支两端为弹性球铰，理想情况下可以看作二力杆，故只承受轴向拉压力。由于测量分支在空间呈水平和竖直正交布置，因此当作用力为 x 和 y 方向力、z 方向力矩时，可分别由三个水平布置的测量分支来测量。当作用力为 z 方向力、x 和 y 方向力矩时，可分别由三个竖直测量分支来测量。这样不仅从原理上实现了六维外力的准确测量，而且在一定程度上是解耦的。

　　为分别推导正交并联结构六维力传感器的数学模型，下面提出六分支和八分支两种结构的正交并联六维力传感器，并对其进行详细的分析。

2.3.1　六分支传感器的数学模型

　　六分支正交并联六维力传感器结构简图如图 2 - 4 所示。它是由上下两个平台、六个测量分支等几部分组成。其中上平台为测力平台，下平台为固定平台，测量分支分为水平和竖直分布两组，每组 3 个。其中固定平台和测力平台的结构完全相同，均分别有三个立柱与平台固连。竖直测量分支两端分别与固定平台和测力平台直接连接，水平测量分支两端分别与测力平台和固定平台上相对应的立柱连接。两组测量分支分别呈圆周对称分布。

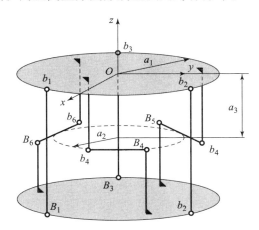

图 2 - 4　六分支正交并联六维力传感器结构简图

　　在测力平台的中心点处设立一个基坐标系 $Oxyz$。固定平台与测力平台之间的垂直高度为 L。测量分支与固定平台连接点为 B，与测力平台连接点为 b。

竖直分支分布在以原点为中心，外接圆半径为 a_1，且一条中线在 x 轴上的正三角形的三个顶点处；水平分支分布在以原点为中心，内接圆半径为 a_2，与竖直分支所在三角形相似的正三角形的三条边上。水平分支到测力平台的垂直距离设为 a_3。

根据式（2-5），六分支正交并联六维力传感器的静力学平衡方程为

$$f_P = (I - G^+ G_6)y \qquad (2-12)$$

式中，一阶静力影响系数矩阵

$$G_6 = \begin{bmatrix} \dfrac{b_1 - B_1}{|b_1 - B_1|} & \cdots & \dfrac{b_6 - B_6}{|b_6 - B_6|} \\[3mm] \dfrac{b_1 \times B_1}{|b_1 - B_1|} & \cdots & \dfrac{b_6 \times B_6}{|b_6 - B_6|} \end{bmatrix} \qquad (2-13)$$

式中

$$B_i = \begin{bmatrix} a_1 \cos \xi_i & a_1 \sin \xi_i & -L \end{bmatrix}, \quad i = 1, 2, 3;$$

$$b_i = \begin{bmatrix} a_1 \cos \xi_i & a_1 \sin \xi_i & 0 \end{bmatrix}, \quad i = 1, 2, 3;$$

$$\xi = \begin{bmatrix} \xi_1 & \xi_2 & \xi_3 \end{bmatrix} = \begin{bmatrix} -\dfrac{\pi}{3} & \dfrac{\pi}{3} & \pi \end{bmatrix};$$

$$B_j = \begin{bmatrix} a_2 \cos \theta_j - \dfrac{L}{2} \sin \theta_j & a_2 \sin \theta_j + \dfrac{L}{2} \cos \theta_j & -a_3 \end{bmatrix}^{\mathrm{T}}, \quad j = 4, 5, 6;$$

$$b_j = \begin{bmatrix} a_2 \cos \theta_j + \dfrac{L}{2} \sin \theta_j & a_2 \sin \theta_j - \dfrac{L}{2} \cos \theta_j & -a_3 \end{bmatrix}^{\mathrm{T}}, \quad j = 4, 5, 6;$$

$$\theta = \begin{bmatrix} \theta_4 & \theta_5 & \theta_6 \end{bmatrix} = \begin{bmatrix} 0 & \dfrac{2\pi}{3} & \dfrac{4\pi}{3} \end{bmatrix}。$$

代入式（2-12），得

$$G_6 = \begin{bmatrix} 0 & 0 & 0 & 0 & \dfrac{\sqrt{3}}{2} & -\dfrac{\sqrt{3}}{2} \\[2mm] 0 & 0 & 0 & -1 & \dfrac{1}{2} & \dfrac{1}{2} \\[2mm] 1 & 1 & 1 & 0 & 0 & 0 \\[2mm] -\dfrac{\sqrt{3}}{2}a_1 & \dfrac{\sqrt{3}}{2}a_1 & 0 & -a_3 & \dfrac{a_3}{2} & \dfrac{a_3}{2} \\[2mm] -\dfrac{a_1}{2} & -\dfrac{a_1}{2} & a_1 & 0 & -\dfrac{\sqrt{3}}{2}a_3 & \dfrac{\sqrt{3}}{2}a_3 \\[2mm] 0 & 0 & 0 & -a_2 & -a_2 & -a_2 \end{bmatrix} \qquad (2-14)$$

由式（2-14）可看出 G_6 中的各维列向量均不相关，即此时传感器不处于奇异位形，则六维力可由分支轴向力唯一确定。

2.3.2　六分支正交并联六维力传感器静力平衡方程求解

根据以上分析结果，可得六分支正交并联六维力传感器的一阶静力影响系数矩阵 G_6 为 6 阶方阵，根据线性代数相关理论此时有 $G_6^+ = G_6^{-1}$，在式（2 - 12）两边同时乘以 G_6^{-1} 得

$$f_6 = G_6^{-1} F_w \tag{2 - 15}$$

根据式地（2 - 14）得

$$G_6^{-1} = \begin{bmatrix} -\dfrac{a_3}{3a_1} & \dfrac{\sqrt{3}\,a_3}{3a_1} & \dfrac{1}{3} & -\dfrac{\sqrt{3}}{3a_1} & -\dfrac{1}{3a_1} & 0 \\[2ex] -\dfrac{a_3}{3a_1} & -\dfrac{\sqrt{3}\,a_3}{3a_1} & \dfrac{1}{3} & \dfrac{\sqrt{3}}{3a_1} & -\dfrac{1}{3a_1} & 0 \\[2ex] \dfrac{2a_3}{3a_1} & 0 & \dfrac{1}{3} & 0 & \dfrac{2}{3a_1} & 0 \\[2ex] 0 & -\dfrac{2}{3} & 0 & 0 & 0 & -\dfrac{1}{3a_2} \\[2ex] \dfrac{\sqrt{3}}{3} & \dfrac{1}{3} & 0 & 0 & 0 & -\dfrac{1}{3a_2} \\[2ex] -\dfrac{\sqrt{3}}{3} & \dfrac{1}{3} & 0 & 0 & 0 & -\dfrac{1}{3a_2} \end{bmatrix} \tag{2 - 16}$$

至此，得到了六分支正交并联六维力传感器的测力平台在六维力作用下向测量分支反作用力的映射关系，静力平衡方程求解完毕。

2.3.3　八分支传感器的数学模型

与六分支结构类似，八分支正交并联结构六维力传感器由上下两个平台、八个测量分支等几部分组成。其中上平台为测力平台，下平台为固定平台，测量分支分为水平和竖直分布两组，每组 4 个。其中固定平台上设计有与其固连的十字形立柱。竖直测量分支两端分别与固定平台和测力平台直接连接，水平测量分支两端分别与十字形立柱和测力平台连接。两组测量分支分别呈中心对称分布。图 2 - 5 所示为八分支正交并联六维力传感器结构简图。

于测力平台中心的位置建立基坐标系 $Oxyz$。四个竖直测量分支关于坐标原点及 x 轴、y 轴均对称并与 z 轴平行；四个水平测量分支在测力平台平面内，即在 xy 平面内，分别与 x 轴、y 轴平行且关于原点中心对称。$b_1 \sim b_8$ 分别为八个测量分支与测力平台的连接点，$B_1 \sim B_4$ 分别为四个竖直测量分支与固定平

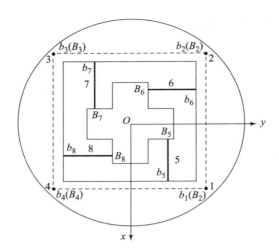

图 2－5 八分支正交并联六维力传感器结构简图

台的连接点，$B_5 \sim B_8$ 分别为四个水平测量分支与立柱的连接点。

对其各项结构参数设置如下：四个竖直分支轴线所在的直线到 x 轴、y 轴距离均为 $a_1/2$；铰点 b_5 和 b_7 的连线到 y 轴的垂直距离与铰点 b_6 和 b_8 的连线到 x 轴的垂直距离均为 $a_2/2$；铰点 B_5 和 B_7 的连线到 y 轴的垂直距离与铰点 B_6 和 B_8 的连线到 x 轴的垂直距离均为 $a_3/2$；四个水平分支轴线所在直线分别距离与其平行的坐标轴为 a_4；测量分支长度为 l。

根据式（2－5），建立八分支结构静力学平衡方程为

$$F_w = G_8 f_8 \tag{2-17}$$

式中，G_8 表示为

$$G_8 = \begin{bmatrix} \dfrac{b_1 - B_1}{|b_1 - B_1|} & \dfrac{b_2 - B_2}{|b_2 - B_2|} & \cdots & \dfrac{b_8 - B_8}{|b_8 - B_8|} \\[3mm] \dfrac{B_1 \times b_1}{|b_1 - B_1|} & \dfrac{B_2 \times b_2}{|b_2 - B_2|} & \cdots & \dfrac{B_8 \times b_8}{|b_8 - B_8|} \end{bmatrix} \tag{2-18}$$

式中，$b_i(i = 1, 2, 3, 4)$ 为竖直分支与测力平台连接点在基坐标里的位置矢量；$B_i(i = 1, 2, 3, 4)$ 为竖直分支与固定平台或立柱的连接点在基坐标里的位置矢量。设 $\xi = \begin{bmatrix} \xi_1 & \xi_2 & \xi_3 & \xi_4 \end{bmatrix} = \begin{bmatrix} \dfrac{\pi}{4} & \dfrac{3\pi}{4} & \dfrac{5\pi}{4} & \dfrac{7\pi}{4} \end{bmatrix}$，则竖直测量分支两端连接点可表示为 $b_i = \begin{bmatrix} \dfrac{\sqrt{2}}{2}a_1 \cos\xi_i & \dfrac{\sqrt{2}}{2}a_1 \sin\xi_i & 0 \end{bmatrix}^T$，$B_i = \begin{bmatrix} \dfrac{\sqrt{2}}{2}a_1 \cos\xi_i & \dfrac{\sqrt{2}}{2}a_1 \sin\xi_i & -l \end{bmatrix}^T$，$i = 1$，2，3，4。

根据几何关系将水平测量分支两端点的位置矢量表示为

$$\boldsymbol{b}_5 = \begin{bmatrix} \dfrac{a_2}{2} & a_4 & 0 \end{bmatrix}^{\mathrm{T}}, \boldsymbol{B}_5 = \begin{bmatrix} \dfrac{a_3}{2} & a_4 & 0 \end{bmatrix}^{\mathrm{T}};$$

$$\boldsymbol{b}_6 = \begin{bmatrix} -a_4 & \dfrac{a_2}{2} & 0 \end{bmatrix}^{\mathrm{T}}, \boldsymbol{B}_6 = \begin{bmatrix} -a_4 & \dfrac{a_3}{2} & 0 \end{bmatrix}^{\mathrm{T}};$$

$$\boldsymbol{b}_7 = \begin{bmatrix} -\dfrac{a_2}{2} & -a_4 & 0 \end{bmatrix}^{\mathrm{T}}, \boldsymbol{B}_7 = \begin{bmatrix} -\dfrac{a_3}{2} & -a_4 & 0 \end{bmatrix}^{\mathrm{T}};$$

$$\boldsymbol{b}_8 = \begin{bmatrix} a_4 & -\dfrac{a_2}{2} & 0 \end{bmatrix}^{\mathrm{T}}, \boldsymbol{B}_8 = \begin{bmatrix} a_4 & -\dfrac{a_3}{2} & 0 \end{bmatrix}^{\mathrm{T}}。$$

将以上各参数代入式（2-18）并将其化简得

$$\boldsymbol{G}_8 = \begin{bmatrix} 0 & 0 & 0 & 0 & 0 & 1 & -1 & 0 \\ 0 & 0 & 0 & 0 & 0 & 1 & 0 & -1 \\ 1 & 1 & 1 & 1 & 0 & 0 & 0 & 0 \\ \dfrac{a_1}{2} & \dfrac{a_1}{2} & -\dfrac{a_1}{2} & -\dfrac{a_1}{2} & 0 & 0 & 0 & 0 \\ -\dfrac{a_1}{2} & \dfrac{a_1}{2} & \dfrac{a_1}{2} & -\dfrac{a_1}{2} & 0 & 0 & 0 & 0 \\ 0 & 0 & 0 & 0 & -a_4 & -a_4 & -a_4 & -a_4 \end{bmatrix} \qquad (2-19)$$

至此，得到了八分支正交并联六维力传感器的一阶静力系数影响矩阵，建立了其数学模型。从式（2-19）可以看出，传感器一阶静力系数影响矩阵 $\boldsymbol{G}_8$ 的列向量不相关，则传感器的结构非奇异。

2.3.4　八分支传感器静力平衡方程求解

根据线性代数相关理论，将 $\boldsymbol{f}_8$ 作为未知数，由于正交并联六维力传感器一阶静力系数影响矩阵 $\boldsymbol{G}_8$ 的维数为 6×8 且列向量不相关，即静力学平衡方程为包含了八个未知数以及六个方程的线性方程组。因此八分支传感器为超静定结构，其静力方程有无穷多解，即一个六维力将可能对应多组测量分支反作用力。根据式（2-9）有

$$\boldsymbol{f}_8 = \boldsymbol{G}_8^+ \boldsymbol{F}_{\mathrm{w}} + (\boldsymbol{I} - \boldsymbol{G}_8^+ \boldsymbol{G}_8)\boldsymbol{y} \qquad (2-20)$$

式中　$\boldsymbol{G}_8^+$——$\boldsymbol{G}_8$ 的伪逆矩阵，为 8×6 维；

　　　$\boldsymbol{I}$——8×8 维单位矩阵；

　　　$\boldsymbol{y}$——任意列向量，可表示为 $\boldsymbol{y} = (y_1 \quad y_2 \quad \cdots \quad y_8)^{\mathrm{T}}$。

由式（2-20）可求得 $\boldsymbol{G}_8^+$ 为

$$G_8^+ = \begin{bmatrix} 0 & 0 & \dfrac{1}{4} & \dfrac{1}{2a_1} & -\dfrac{1}{2a_1} & 0 \\ 0 & 0 & \dfrac{1}{4} & \dfrac{1}{2a_1} & \dfrac{1}{2a_1} & 0 \\ 0 & 0 & \dfrac{1}{4} & -\dfrac{1}{2a_1} & \dfrac{1}{2a_1} & 0 \\ 0 & 0 & \dfrac{1}{4} & -\dfrac{1}{2a_1} & -\dfrac{1}{2a_1} & 0 \\ \dfrac{1}{2} & 0 & 0 & 0 & 0 & -\dfrac{1}{4a_4} \\ 0 & \dfrac{1}{2} & 0 & 0 & 0 & -\dfrac{1}{4a_4} \\ -\dfrac{1}{2} & 0 & 0 & 0 & 0 & -\dfrac{1}{4a_4} \\ 0 & -\dfrac{1}{2} & 0 & 0 & 0 & -\dfrac{1}{4a_4} \end{bmatrix} \qquad (2-21)$$

式（2-20）中包括方程组的特解和通解，将它们表示为

$$f_{8R} = G^+ F_w \qquad (2-22)$$

$$f_{8P} = (I - G_8^+ G_8)y \qquad (2-23)$$

特解 f_{8R} 为八个分支的轴向反作用力；通解 f_{8P} 为初始内力。测量分支轴向反作用力 f_{8R} 受六维外力 F_w 影响，而初始内力 f_{8P} 仅与 G_8^+ 有关而与 F_w 无关。

基于式（2-21），令 $A = I - G_8^+ G_8$，则

$$A = \begin{bmatrix} \dfrac{1}{4} & -\dfrac{1}{4} & \dfrac{1}{4} & -\dfrac{1}{4} & 0 & 0 & 0 & 0 \\ -\dfrac{1}{4} & \dfrac{1}{4} & -\dfrac{1}{4} & \dfrac{1}{4} & 0 & 0 & 0 & 0 \\ \dfrac{1}{4} & -\dfrac{1}{4} & \dfrac{1}{4} & -\dfrac{1}{4} & 0 & 0 & 0 & 0 \\ -\dfrac{1}{4} & \dfrac{1}{4} & -\dfrac{1}{4} & \dfrac{1}{4} & 0 & 0 & 0 & 0 \\ 0 & 0 & 0 & 0 & \dfrac{1}{4} & -\dfrac{1}{4} & \dfrac{1}{4} & -\dfrac{1}{4} \\ 0 & 0 & 0 & 0 & -\dfrac{1}{4} & \dfrac{1}{4} & -\dfrac{1}{4} & \dfrac{1}{4} \\ 0 & 0 & 0 & 0 & \dfrac{1}{4} & -\dfrac{1}{4} & \dfrac{1}{4} & -\dfrac{1}{4} \\ 0 & 0 & 0 & 0 & -\dfrac{1}{4} & \dfrac{1}{4} & -\dfrac{1}{4} & \dfrac{1}{4} \end{bmatrix} \qquad (2-24)$$

　　至此，得到了八分支正交并联六维力传感器的测力平台在六维力作用下向测量分支反作用力的映射关系，静力平衡方程求解完毕。

|2.4　本章小结|

　　本章运用螺旋理论建立了广义并联六维力传感器的数学模型，并且推导了其静力学平衡方程的求解方法。在深入分析机构理论及测量原理的基础上提出了一种正交并联六维力传感器的结构，并分别以六分支和八分支为例进行了正交并联六维力传感器静力学平衡方程的求解，得到了其测力平台受到六维力向测量分支反作用力的线性映射关系。本章的研究内容对于正交并联六维力传感器的结构设计及研发具有重要的理论意义。

第 3 章

正交并联六维力传感器结构性能及参数优化

通过调节传感器结构参数使其适应某一具体的工作任务，对提高测量精度和实用性具有重要的研究意义和参考价值。通常，各向同性性能指标为结构参数优化设计提供主要依据。但是多数情况下，机器人工作环境是复杂的，此时，各向同性性能指标不一定是最优的[108~110]。因此，基于实际工况进行传感器结构参数优化，并确定传感器的量程，更具有工程实际意义。

|3.1　并联六维力传感器各向同性性能|

由于传感器所受的空间六维外力包括三个方向的力和三个方向的力矩，而力和力矩的量纲不同，因此各向同性指标进而又分为力和力矩各向同性度以及力灵敏度和力矩灵敏度各向同性度四个指标[110~114]。若某各向同性度越接近于1，则说明传感器在该指标上获得的平均信息量越大。

3.1.1　力/力矩各向同性度

根据式（2－5），六维外力到测量分支力的映射矩阵的前三行与空间外力有关，后三行与空间外力矩有关。由于力和力矩量纲不同，为方便分析，将矩阵写为分块矩阵，形式如下

$$G = \begin{pmatrix} G_F \\ G_M \end{pmatrix} \qquad (3-1)$$

式中，G_F 为 G 的前三行，G_M 为 G 的后三行，它们分别表示了由测量分支反

作用力向空间外力和空间外力矩的线性映射关系。

并联结构传感器力各向同性度和力矩各向同性度的定义式如下

$$\mu_F = \frac{1}{\operatorname{cond}(\boldsymbol{G}_F)} = \frac{\left[\lambda_{\min}(\boldsymbol{G}_F \boldsymbol{G}_F^{\mathrm{T}})\right]^{1/2}}{\left[\lambda_{\max}(\boldsymbol{G}_F \boldsymbol{G}_F^{\mathrm{T}})\right]^{1/2}} \tag{3-2}$$

$$\mu_M = \frac{1}{\operatorname{cond}(\boldsymbol{G}_M)} = \frac{\left[\lambda_{\min}(\boldsymbol{G}_M \boldsymbol{G}_M^{\mathrm{T}})\right]^{1/2}}{\left[\lambda_{\max}(\boldsymbol{G}_M \boldsymbol{G}_M^{\mathrm{T}})\right]^{1/2}} \tag{3-3}$$

式中，μ_F 为力的各向同性度；μ_M 为力矩的各向同性度；$\lambda_{\min}(\cdot)$ 为矩阵的最小特征值；$\lambda_{\max}(\cdot)$ 为矩阵的最大特征值；$\operatorname{cond}(\cdot)$ 为矩阵的条件数。当 $\mu_F = 1$ 时，传感器结构能够达到力各向同性的要求；当 $\mu_M = 1$ 时，传感器结构能够达到力矩各向同性的要求。

3.1.2　力/力矩灵敏度各向同性度

六维力向传感器测量分支作用反力的映射矩阵决定了它的结构灵敏度。由以上分析可知，静定结构与超静定结构的六维力传感器测力平台受到空间外力向测量分支作用反力的映射关系均完全由 $\boldsymbol{G}^+$ 决定，即 $\boldsymbol{G}^+$ 反映了其结构敏度。令 $\boldsymbol{G}^+ = \boldsymbol{C}$，同样由于力和力矩量纲不同，将 $\boldsymbol{C}$ 按列分块，前三列与后三列分别为一个子矩阵，表示为

$$\boldsymbol{C} = (\boldsymbol{C}_F \quad \boldsymbol{C}_M) \tag{3-4}$$

式中，$\boldsymbol{C}_F$ 为空间外力向测量分支反作用力的映射矩阵；$\boldsymbol{C}_M$ 为空间外力矩向分支反作用力的映射矩阵。

并联结构六维力传感器力灵敏度和力矩灵敏度各向同性度的定义式如下表述

$$\eta_F = \frac{1}{\operatorname{cond}(\boldsymbol{C}_F)} = \frac{\left[\lambda_{\min}(\boldsymbol{C}_F \boldsymbol{C}_F^{\mathrm{T}})\right]^{1/2}}{\left[\lambda_{\max}(\boldsymbol{C}_F \boldsymbol{C}_F^{\mathrm{T}})\right]^{1/2}} \tag{3-5}$$

$$\eta_M = \frac{1}{\operatorname{cond}(\boldsymbol{C}_M)} = \frac{\left[\lambda_{\min}(\boldsymbol{C}_M \boldsymbol{C}_M^{\mathrm{T}})\right]^{1/2}}{\left[\lambda_{\max}(\boldsymbol{C}_M \boldsymbol{C}_M^{\mathrm{T}})\right]^{1/2}} \tag{3-6}$$

式中，η_F 为力灵敏度的各向同性度；η_M 为力矩灵敏度的各向同性度。当 $\eta_F = 1$ 时，传感器结构能够达到力灵敏度各向同性的要求；当 $\eta_M = 1$ 时，传感器结构能够达到力矩灵敏度各向同性的要求。

3.2　正交并联六维力传感器各向同性度分析

满足各向同性要求的并联六维力传感器理论上能够获得最大平均信息量，

但往往力和力矩各向同性度与力灵敏度和力矩灵敏度各向同性度之间存在着相互矛盾和制约的关系，需要综合各指标进行分析来得到相对最优的综合性能。接下来的内容将对所提出的六分支及八分支正交并联六维力传感器的 4 个各向同性度进行综合分析与评价。

3.2.1　六分支传感器结构性能分析

六维外力到六个测量分支轴向作用反力的映射矩阵 $\boldsymbol{G}_6$ 的前三行与空间六维外力有关，后三行与空间外力矩有关。根据式（3－1）将 $\boldsymbol{G}_6$ 矩阵写作分块矩阵

$$\boldsymbol{G}_6 = \begin{pmatrix} \boldsymbol{G}_{6F} \\ \boldsymbol{G}_{6M} \end{pmatrix} \tag{3－7}$$

式中，$\boldsymbol{G}_{6F}$ 为 $\boldsymbol{G}_6$ 的前三行；$\boldsymbol{G}_{6M}$ 为 $\boldsymbol{G}_6$ 的后三行，它们各自确定了由测量分支反作用力向空间外力和空间外力矩的线性映射关系。基于式（2－14）和式（3－7）得

$$\boldsymbol{G}_{6F}\boldsymbol{G}_{6F}^{\mathrm{T}} = \begin{bmatrix} 1.5 & 0 & 0 \\ 0 & 1.5 & 0 \\ 0 & 0 & 3 \end{bmatrix} \tag{3－8}$$

$$\boldsymbol{G}_{6M}\boldsymbol{G}_{6M}^{\mathrm{T}} = \begin{bmatrix} 1.5(a_1^2 + a_3^2) & 0 & 0 \\ 0 & 1.5(a_1^2 + a_3^2) & 0 \\ 0 & 0 & 3a_2^2 \end{bmatrix} \tag{3－9}$$

根据式（2－14），六维外力 $\boldsymbol{F}_w$ 到 6 个测量分支轴向力的映射关系由 $\boldsymbol{G}_6^+$ 决定，则 $\boldsymbol{G}_6^+$ 反映了六分支正交并联六维力传感器的结构灵敏度。令 $\boldsymbol{G}_6^+ = \boldsymbol{C}_6$，同样由于力和力矩量纲不同，将 $\boldsymbol{C}_6$ 按列分块，前三列与后三列分别为一个子矩阵，表示为

$$\boldsymbol{C}_6 = (\boldsymbol{C}_{6F} \quad \boldsymbol{C}_{6M}) \tag{3－10}$$

式中，$\boldsymbol{C}_{6F}$ 为空间外力向测量分支轴向作用反力的映射矩阵；$\boldsymbol{C}_{6M}$ 为空间外力矩向测量分支轴向作用反力的映射矩阵。基于式（2－16）和式（3－10）可得

$$\boldsymbol{C}_{6F}\boldsymbol{C}_{6F}^{\mathrm{T}} = \begin{bmatrix} \dfrac{2a_3^2}{3a_1^2} + \dfrac{2}{3} & 0 & 0 \\ 0 & \dfrac{2a_3^2}{3a_1^2} + \dfrac{2}{3} & 0 \\ 0 & 0 & \dfrac{1}{3} \end{bmatrix} \tag{3－11}$$

$$C_{6M} C_{6M}^{\mathrm{T}} = \begin{bmatrix} \dfrac{2}{3a_1^2} & 0 & 0 \\[2mm] 0 & \dfrac{2}{3a_1^2} & 0 \\[2mm] 0 & 0 & \dfrac{1}{3a_2^2} \end{bmatrix} \tag{3-12}$$

将式（3-8）代入式（3-2）得，六分支正交并联结构的力各向同性度为

$$\mu_{6F} = \frac{1}{\mathrm{cond}(G_{6F})} = \frac{[\lambda_{\min}(G_{6F} G_{6F}^{\mathrm{T}})]^{1/2}}{[\lambda_{\max}(G_{6F} G_{6F}^{\mathrm{T}})]^{1/2}} = 0.5 \tag{3-13}$$

由式（3-13）可以看出，六分支正交并联六维力传感器的力各向同性度与其结构参数的取值没有关系。

根据式（3-11）可知当满足 $a_3 = 0$ 时将其代入式（3-5），可得六分支结构传感器的力灵敏度各向同性度达到最优，计算如下式

$$\eta_{6F} = \frac{1}{\mathrm{cond}(C_{6F})} = \frac{[\lambda_{\min}(C_{6F} C_{6F}^{\mathrm{T}})]^{1/2}}{[\lambda_{\max}(C_{6F} C_{6F}^{\mathrm{T}})]^{1/2}} = 0.5 \tag{3-14}$$

根据式（3-9）可知当满足 $a_1^2 + a_3^2 = 2a_2^2$ 时将其代入式（3-3），可得六分支结构传感器的力矩各向同性度达到最优，计算如下式

$$\mu_{6M} = \frac{1}{\mathrm{cond}(G_{8M})} = \frac{[\lambda_{\min}(G_{6M} G_{6M}^{\mathrm{T}})]^{1/2}}{[\lambda_{\max}(G_{6M} G_{6M}^{\mathrm{T}})]^{1/2}} = 1 \tag{3-15}$$

根据式（3-12）可知当满足 $\sqrt{2}a_2 = a_1$ 时将其代入式（3-6），六分支结构传感器的力矩灵敏度各向同性度能够达到最优，计算如下式

$$\eta_{6M} = \frac{1}{\mathrm{cond}(C_{6M})} = \frac{[\lambda_{\min}(C_{6M} C_{6M}^{\mathrm{T}})]^{1/2}}{[\lambda_{\max}(C_{6M} C_{6M}^{\mathrm{T}})]^{1/2}} = 1 \tag{3-16}$$

结合式（3-14）、式（3-15）和式（3-16）的条件，当 $a_3 = 0$ 且 $\sqrt{2}a_2 = a_1$ 时，六分支正交并联六维力传感器力综合 4 个各向同性指标的结构性能能够达到最优，即 $\mu_{6M} = 1$，$\eta_{6M} = 1$，$\mu_{6F} = \eta_{6F} = 0.5$。

3.2.2　八分支正交并联六维力传感器结构性能分析

根据式（3-1），六维外力到八个测量分支轴向反力的映射矩阵 G_8 的前三行与空间外力有关，后三行与空间外力矩有关，将 G_8 矩阵写为分块矩阵的形式如下

$$G_8 = \begin{pmatrix} G_{8F} \\ G_{8M} \end{pmatrix} \tag{3-17}$$

式中，G_{8F} 为 G_8 的前三行；G_{8M} 为 G_8 的后三行，它们分别表示了由测量分支轴

向作用反力向空间外力和空间外力矩的映射关系。基于式（2-19）可得

$$G_{8F}G_{8F}^{\mathrm{T}} = \begin{bmatrix} 2 & 0 & 0 \\ 0 & 2 & 0 \\ 0 & 0 & 4 \end{bmatrix} \tag{3-18}$$

$$G_{8M}G_{8M}^{\mathrm{T}} = \begin{bmatrix} a_1^2 & 0 & 0 \\ 0 & a_1^2 & 0 \\ 0 & 0 & 4a_4^2 \end{bmatrix} \tag{3-19}$$

根据式（2-20）可以看出，六维力 F_{w} 映射到八个分支反作用力的线性关系由 G_8^+ 来决定，则 G_8^+ 即反映了八分支正交并联结构的灵敏度。令 $G_8^+ = C_8$，同样由于力和力矩量纲不同，将 C_8 按列分块，前三列与后三列分别为一个子矩阵，表示为

$$C_8 = \begin{pmatrix} C_{8F} & C_{8M} \end{pmatrix} \tag{3-20}$$

式中，C_{8F} 为空间外力到测量分支反作用力的映射矩阵；C_{8M} 为空间外力矩到分支反作用力的映射矩阵。基于式（2-21）可得

$$C_{8F}C_{8F}^{\mathrm{T}} = \begin{bmatrix} \dfrac{1}{2} & 0 & 0 \\ 0 & \dfrac{1}{2} & 0 \\ 0 & 0 & \dfrac{1}{4} \end{bmatrix} \tag{3-21}$$

$$C_{8M}C_{8M}^{\mathrm{T}} = \begin{bmatrix} \dfrac{1}{a_1^2} & 0 & 0 \\ 0 & \dfrac{1}{a_1^2} & 0 \\ 0 & 0 & \dfrac{1}{4a_4^2} \end{bmatrix} \tag{3-22}$$

将式（3-18）和式（3-21）分别代入式（3-2）和式（3-5）得，八分支正交并联六维力传感器的力各向同性度和力灵敏度各向同性度分别为

$$\mu_{8F} = \frac{1}{\mathrm{cond}(G_{8F})} = \frac{[\lambda_{\min}(G_{8F}G_{8F}^{\mathrm{T}})]^{1/2}}{[\lambda_{\max}(G_{8F}G_{8F}^{\mathrm{T}})]^{1/2}} = 0.5 \tag{3-23}$$

$$\eta_{8F} = \frac{1}{\mathrm{cond}(C_{8F})} = \frac{[\lambda_{\min}(C_{8F}C_{8F}^{\mathrm{T}})]^{1/2}}{[\lambda_{\max}(C_{8F}C_{8F}^{\mathrm{T}})]^{1/2}} = 0.5 \tag{3-24}$$

由式（3-23）和式（3-24）可以看出，八分支正交并联六维力传感器的力各向同性度以及力灵敏度各向同性度均与结构参数的取值没有任何关系。

将式（3 – 19）和式（3 – 21）分别代入式（3 – 3）和式（3 – 6）可知，当 $2a_4 = a_1$ 时，力矩和力矩灵敏度各向同性度分别为

$$\mu_{8M} = \frac{1}{\mathrm{cond}(\boldsymbol{G}_{8M})} = \frac{[\lambda_{\min}(\boldsymbol{G}_{8M}\boldsymbol{G}_{8M}^{\mathrm{T}})]^{1/2}}{[\lambda_{\max}(\boldsymbol{G}_{8M}\boldsymbol{G}_{8M}^{\mathrm{T}})]^{1/2}} = 1 \qquad (3 – 25)$$

$$\eta_{8M} = \frac{1}{\mathrm{cond}(\boldsymbol{C}_{8M})} = \frac{[\lambda_{\min}(\boldsymbol{C}_{8M}\boldsymbol{C}_{8M}^{\mathrm{T}})]^{1/2}}{[\lambda_{\max}(\boldsymbol{C}_{8M}\boldsymbol{C}_{8M}^{\mathrm{T}})]^{1/2}} = 1 \qquad (3 – 26)$$

则当 $2a_4 = a_1$ 时，八分支正交并联六维力传感器结构可以达到力矩和力矩灵敏度各向同性的要求。

3.3　基于工况函数的并联六维力传感器参数优化

并联六维力传感器的参数优化设计是用来达到提高其精度和实用性这一目的的重要途径。但是由于各向同性这一优化准则本身之间存在相互制约的关系，因而优化过程具有不确定性；并且单纯以这一准则作为优化目标，也并不能够使传感器有针对性的完成不同的测量工作。因此，根据实际测量工作中力或力矩信息的测量需求偏好，通过结构参数的调整来达到综合测量效果最优的结构是更加具有实际意义和应用价值的。

现有的任务模型在理论上能够通过结构参数的调整使得其适应特定工作情况，但某些特定的任务条件可能影响到结构的稳定性，这将使优化过程不易实现。另外，任务模型没有考虑到测量分支在特定任务中的量程设计，这也对传感器最终与实际工作的匹配造成一定困难。因此，合理的参数优化应在保证结构综合性能的同时结合工程实际，得到传感器最终的具体设计方法。

3.3.1　工况函数模型

对传感器进行参数优化之前应先明确测量需求，即确定工况，以便有针对性地进行结构设计与优化。对需检测的机器人关节进行力学分析，可以得到其在工作过程中理论上所受的空间六维力变化情况。工作过程中，关节六维外力 $\boldsymbol{F}_\mathrm{w}$ 随时间变化，设机器人完成一个工作周期的时间为 T，在时间 T 内，将 $\boldsymbol{F}_\mathrm{w}$ 表示为随时间变化的函数 $\boldsymbol{F}_\mathrm{w}(t)$，其形式为

$$\boldsymbol{F}_\mathrm{w}(t) = [\boldsymbol{F}_x(t) \quad \boldsymbol{F}_y(t) \quad \boldsymbol{F}_z(t) \quad \boldsymbol{M}_x(t) \quad \boldsymbol{M}_y(t) \quad \boldsymbol{M}_z(t)]^{\mathrm{T}} \qquad (3 – 27)$$

称函数 $\boldsymbol{F}_\mathrm{w}(t)$ 为工况函数，它能够全面反映机器人正常工作时关节受力的情况。结合工程实际，易知在机器人正常工作时关节所受空间六维外力应为随时

间变化的实数，因此 $\boldsymbol{F}_{w}(t)$ 中各项应在工作周期 T 内均有定义且均为有界函数。

将式（3-27）代入式（2-8），则测量分支在外力作用下产生的轴向反作用力的函数关系表达式为

$$f_{w}(t) = \boldsymbol{G}^{+} \boldsymbol{F}_{w}(t) = [f_{1w}(t) \quad \cdots \quad f_{nw}(t)]^{T} \qquad (3-28)$$

易知 $f_{iw}(t)$（$i = 1, 2, \cdots, n$）为 $\boldsymbol{F}_{w}(t)$ 中各项的代数和，则 $f_{iw}(t)$ 也在工作周期 T 内有定义且均为有界函数。即对于第 i 个测量分支反作用力的工况函数 $f_{iw}(t)$，在定义域 $I = [0, T]$ 内，存在 $t_{i0} \in I$ 和 $t_{i1} \in I$ 使得对于任意 $t \in I$ 都有

$$f_{iw}(t_{i0}) \geqslant f_{iw}(t) \geqslant f_{iw}(t_{i1}) \qquad (i = 1, 2, \cdots, n) \qquad (3-29)$$

即分支反作用力函数 $f_{iw}(t)$ 在其定义域 $I = [0, T]$ 内，一定有最大值 $f_{iw\max} = f_{iw}(t_{i0})$ 和最小值 $f_{iw\min} = f_{iw}(t_{i1})$。对于 n 个测量分支，逐一比较 $|f_{iw\max}|$ 和 $|f_{iw\min}|$ 的大小，设其中最大绝对值为 f_{m}。由此可知，在映射关系 $\boldsymbol{G}^{+}$ 下，若测量分支量程 M 满足 $M \supseteq [f_{m}, -f_{m}]$，则传感器可适用于工况函数 $\boldsymbol{F}_{w}(t)$ 所代表的工作力测量需求。

3.3.2　基于工况函数的参数优化

传感器满足工况函数模型时，以减小测量分支量程为目标进行结构优化，可在传感器满足测量要求的前提下进一步提高其灵敏度和分辨率。

设由传感器各个结构参数所组成的数组为 $\boldsymbol{\delta} = [\delta_{1} \quad \cdots \quad \delta_{k}]$；根据传感器安装空间的大小给定结构参数 δ_{j}（$j \in \{1, 2, \cdots, k\}$）的取值区间，设为 N_{j}，将各结构参数的取值区间组成与结构参数对应的数组设为 $\boldsymbol{N}$，$\boldsymbol{N} = [N_{1} \quad \cdots \quad N_{k}]$；设定与参数区间数组中各项相对应的步长数组为 $\boldsymbol{\lambda}$，$\boldsymbol{\lambda} = [\lambda_{1} \quad \cdots \quad \lambda_{k}]$；将结构参数 $\boldsymbol{\delta}$ 在区间 $\boldsymbol{N}$ 内按步长 $\boldsymbol{\lambda}$ 逐一进行遍历赋值，得到不同结构参数排列组合下的映射关系矩阵 $\boldsymbol{G}^{+}$。

根据工况函数模型，将 $\boldsymbol{G}^{+}$ 和 $\boldsymbol{F}_{w}(t)$ 代入式（3-28），对测量分支受力最大绝对值 f_{m} 进行搜索，搜索目标为 f_{m} 的最小值，设为 f_{0}，同时得到 f_{0} 所对应的结构参数数组，设为 δ_{0}。

经计算得到满足工况函数的传感器测量分支最小量程 $M_{0} = [f_{0}, -f_{0}]$；而 δ_{0} 则确定了在工况函数条件下以测量分支量程最小为优化目标的传感器结构。

从优化过程来看，基于工况函数的参数优化是建立在实际测量需求以及工作环境限制的双重条件下的。工况函数条件确保了传感器能够完成特定的测量工作；而工作环境限制决定了结构参数在合理范围内进行优化，确保了优化结

果的可行性。该方法可通用于并联六维力传感器，并对提高其实用性有重要价值。

3.4　正交并联六维力传感器参数优化实例

据工况函数模型，以六分支正交并联结构六维力传感器为例，针对六自由度通用机器人卫生陶瓷曲面打磨作业进行优化设计。

3.4.1　工况确定

已知该卫生陶瓷曲面打磨作业的工作周期 T 为 23 s，根据工况对机器人末端关节进行受力分析后，得到其末端关节正常工作时理论上的受力情况，其中空间接触外力函数 $F_x(t)$、$F_y(t)$，$F_z(t)$ 数值计算单位为 N，函数表达式如下

$$F_x(t) = \begin{cases} 0 & (0 \leqslant t < 17) \\ -20(t-17) & (17 \leqslant t < 17.5) \\ -10 & (17.5 \leqslant t < 22.5) \\ 20t - 460 & (22.5 \leqslant t < 23) \end{cases} \tag{3-30}$$

$$F_y(t) = \begin{cases} 14t & (0 \leqslant t < 0.5) \\ 7 & (0.5 \leqslant t < 6.5) \\ 7t - 32 & (6.5 \leqslant t < 7) \\ 10 & (7 \leqslant t < 10.5) \\ 347 - 17t & (10.5 \leqslant t < 11) \\ -7 & (11 \leqslant t < 17) \\ 14t - 245 & (17 \leqslant t < 17.5) \\ 0 & (17.5 \leqslant t < 23) \end{cases} \tag{3-31}$$

$$F_z(t) = \begin{cases} 60t & (0 \leqslant t < 0.5) \\ 30 & (0.5 \leqslant t < 22.5) \\ 1\,380 - 60t & (22.5 \leqslant t \leqslant 23) \end{cases} \tag{3-32}$$

曲面打磨机器末端接触力函数图像如图 3-1 所示。

空间接触外力矩函数 $M_x(t)$，$M_y(t)$，$M_z(t)$ 数值计算单位为（N·mm），函数表达式如下

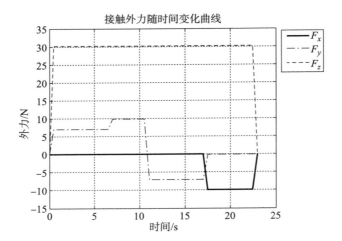

图 3 - 1　曲面打磨机器人末端接触力函数图像

$$M_x(t) = \begin{cases} -400t & (0 \leqslant t < 0.5) \\ -200 & (0.5 \leqslant t < 6.5) \\ 100t - 850 & (6.5 \leqslant t < 7) \\ -150 & (7 \leqslant t < 10.5) \\ 700t - 7\ 500 & (10.5 \leqslant t < 11) \\ 200 & (11 \leqslant t < 17) \\ 7\ 000 - 400t & (17 \leqslant t < 17.5) \\ 0 & (17.5 \leqslant t < 23) \end{cases} \qquad (3-33)$$

$$M_y(t) = \begin{cases} 0 & (0 \leqslant t < 17) \\ 300(t - 17) & (17 \leqslant t < 17.5) \\ 150 & (17.5 \leqslant t < 22.5) \\ 9\ 000 - 300t & (22.5 \leqslant t < 23) \end{cases} \qquad (3-34)$$

$$M_z(t) = 0 \quad (0 \leqslant t \leqslant 23) \qquad (3-35)$$

曲面打磨机器人末端接触力矩函数图像如图 3 - 2 所示。

由式（3 - 30）~ 式（3 - 35）即确定了六自由度通用机器人末端关节在卫生陶瓷曲面打磨作业中受空间六维外力的工况函数 $\boldsymbol{F}_w(t)$。机器人末端关节安装的传感器需满足在其工作过程当中对变化的六维力 $\boldsymbol{F}_w(t)$ 的检测要求。

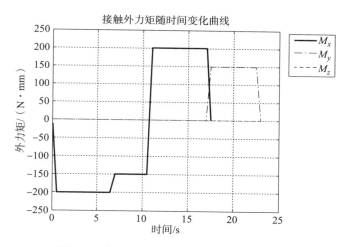

图 3 - 2　曲面打磨机器人末端接触力矩函数图像

3.4.2　六分支正交并联六维力传感器参数优化

根据第 2 章中的理论分析，六分支正交并联六维力传感器的结构参数总共有三个（a_1、a_2、a_3），为简化计算将设定 $a_3 = 15$ mm，设结构参数向量 $\boldsymbol{\delta} = [a_1 \quad a_2]$，给定参数取值区间的向量 $\boldsymbol{N} = [N_1 \quad N_2]$，设 $N_1 = [20 \text{ mm}, 50 \text{ mm}]$，$N_2 = [20 \text{ mm}, 50 \text{ mm}]$，设步长向量 $\boldsymbol{\lambda} = [1 \quad 1]$。将机构参数 $\boldsymbol{\delta}$ 在区间 $\boldsymbol{N}$ 内根据步长 $\boldsymbol{\lambda}$ 逐一进行遍历赋值给映射关系矩阵 $\boldsymbol{G}_6^+$，将由式（3 - 30）~式（3 - 35）确定的工况函数 $\boldsymbol{F}_{\text{w}}(t)$ 和映射关系矩阵 $\boldsymbol{G}_6^+$ 代入式（3 - 28），得到六分支正交并联六维力传感器工作过程当中测量分支在六维接触力的作用下产生的轴向反作用力的函数关系表达式 $\boldsymbol{f}_{6\text{w}}(t)$。

$$\boldsymbol{f}_{6\text{w}}(t) = \boldsymbol{G}_6^+ \boldsymbol{F}_{\text{w}}(t) = [f_{1\text{w}}(t) \quad \cdots \quad f_{6\text{w}}(t)]^{\text{T}} \qquad (3 - 36)$$

根据式（3 - 29）求得每组结构参数下的测量分支量程，用 MATLAB 进行数值计算结果，如图 3 - 3 所示。

以测量分支量程最小为目标在计算结果中进行搜索，在满足工况函数 $\boldsymbol{F}_{\text{w}}(t)$ 和结构参数取值区间 $\boldsymbol{N}$ 共同条件下，得到六分支正交并联六维力传感器测量分支的最小量程为 $M_0 = [-12.4 \text{ N}, 12.4 \text{ N}]$，此时相对应的结构参数为 $\boldsymbol{\delta}_0 = [50 \text{ mm} \quad 20 \text{ mm}]$。

至此可有结论，当六分支正交并联六维力传感器的结构参数 $a_1 = 50$ mm、$a_2 = 20$ mm、$a_3 = 15$ mm 时，传感器可在满足工况要求的前提下使得测量分支量程最小，为 $[-12.4 \text{ N}, 12.4 \text{ N}]$。

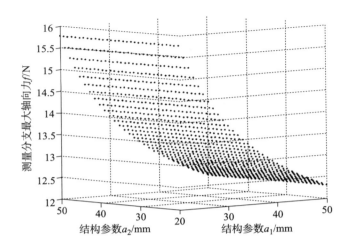

图 3 – 3　结构参数与分支最大轴向力的关系

|3.5　本章小结|

　　为克服六维力传感器性能指标实用性不强的问题，本章的研究在深入分析了各向同性准则及任务模型的局限性后，提出了工况函数模型，并根据此模型设计了可通用于并联结构六维力传感器的参数优化方法。优化过程在传感器满足工况函数以及设定参数范围的前提下，以测量分支量程最小为优化目标，最终得到满足以上要求的结构参数及对应的测量分支最小量程。最后以算例验证了工况函数模型以及基于此参数优化方法的可行性。研究内容为促进与提高六维力传感器在工程中的实用性提供了行之有效的方法。

第 4 章

正交并联六维力传感器静态标定实验研究

六维力传感器的静态标定实验是在其处于稳定状态下受到静载荷或缓慢变化载荷作用时，检测其分支输出电压信号并通过实验数据处理得到其输出电压与输入载荷之间的实际数值关系，实验的结果可用以补偿实际测量过程中产生的误差[115~117]。因此，科学合理地进行静态标定实验是提高传感器实际测量精度的有效方法。

常规的标定力/力矩加载方法是把传感器固定于力学加载台上进行加载。但将传感器从加载台取下安装在机器人手腕实际工作位置后，由于标定环境与实际安装环境不同，传感器的实际测量会有一定误差[118~119]。在线标定的加载方法是直接把传感器安装固定在实际测量工作位置上进行加载。由于不存在二次安装并且标定环境与工作环境更加接近，不存在系统误差，从而提高了传感器的实际测量精度[120~121]。本章将对正交并联六维力传感器在线静态标定中的数据处理算法、加载方法及标定结果分析方法进行研究。

4.1 正交并联六维力传感器静态标定算法

4.1.1 六维力传感器静态性能指标

当六维力传感器受到空间变化的六维力时，其测量分支输出电压也会相应产生变化。传感器的标定就是通过对测力平台加载空间外力和外力矩，得到相对应的测量分支输出电压，对数据进行处理后得到加载的空间六维外力和测量分支输出电压之间的映射关系矩阵，称为传感器的标定矩阵。

根据式（2 - 5），加载的标定力/力矩与分支输出电压之间的映射关系方程式可以写作

$$\boldsymbol{F}_s = \boldsymbol{G}_c \boldsymbol{U} \tag{4 - 1}$$

式中　$\boldsymbol{F}_s$——空间六维标定力；

　　　$\boldsymbol{G}_c$——标定力与测量分支输出电压之间的映射矩阵；

　　　$\boldsymbol{U}$——测量分支输出电压。

若六维力传感器是一个理想的线性系统，那么仅需要对其施加六个线性无关的六维标定力，即可根据测量分支的输出电压求得标定矩阵。但实际情况中，传感器的输入与输出通常并不是理想的线性关系，因此需要在传感器测量范围内进行多点加载获得多组数据，并对数据进行最小二乘拟合，最终确定输入量与输出量之间的映射关系，得到标定矩阵。

在六维力传感器各方向的测量范围内均分为 m 个加载点，按一定顺序依次加载，然后再倒序依次卸载。标定力组成的矩阵 $\boldsymbol{F}_s$ 为

$$\boldsymbol{F}_s = [\boldsymbol{F}_{sx} \quad \boldsymbol{F}_{sy} \quad \boldsymbol{F}_{sz} \quad \boldsymbol{M}_{sx} \quad \boldsymbol{M}_{sy} \quad \boldsymbol{M}_{sz}] \tag{4 - 2}$$

式中，$\boldsymbol{F}_{sx}$、$\boldsymbol{F}_{sy}$、$\boldsymbol{F}_{sz}$、$\boldsymbol{M}_{sx}$、$\boldsymbol{M}_{sy}$、$\boldsymbol{M}_{sz}$ 为在其对应方向上标定力的矩阵，其阶数均为 $6 \times 2m$，分别为

$$\boldsymbol{F}_{sx} = \begin{bmatrix} F_{x1} & \cdots & F_{xm} & F_{xm} & \cdots & F_{x1} \\ 0 & 0 & 0 & 0 & 0 & 0 \\ \vdots & \vdots & \vdots & \vdots & \vdots & \vdots \\ 0 & 0 & 0 & 0 & 0 & 0 \end{bmatrix}; \quad \boldsymbol{F}_{sy} = \begin{bmatrix} 0 & 0 & 0 & 0 & 0 & 0 \\ F_{y1} & \cdots & F_{ym} & F_{ym} & \cdots & F_{y1} \\ \vdots & \vdots & \vdots & \vdots & \vdots & \vdots \\ 0 & 0 & 0 & 0 & 0 & 0 \end{bmatrix};$$

$$\boldsymbol{F}_{sz} = \begin{bmatrix} 0 & 0 & 0 & 0 & 0 & 0 \\ 0 & 0 & 0 & 0 & 0 & 0 \\ F_{z1} & \cdots & F_{zm} & F_{zm} & \cdots & F_{z1} \\ \vdots & \vdots & \vdots & \vdots & \vdots & \vdots \end{bmatrix}; \quad \boldsymbol{M}_{sx} = \begin{bmatrix} 0 & 0 & 0 & 0 & 0 & 0 \\ \vdots & \vdots & \vdots & \vdots & \vdots & \vdots \\ M_{x1} & \cdots & M_{xm} & M_{xm} & \cdots & M_{x1} \end{bmatrix};$$

$$\boldsymbol{M}_{sy} = \begin{bmatrix} 0 & 0 & 0 & 0 & 0 & 0 \\ \vdots & \vdots & \vdots & \vdots & \vdots & \vdots \\ M_{y1} & \cdots & M_{ym} & M_{ym} & \cdots & M_{y1} \\ 0 & 0 & 0 & 0 & 0 & 0 \end{bmatrix}; \quad \boldsymbol{M}_{sz} = \begin{bmatrix} 0 & 0 & 0 & 0 & 0 & 0 \\ \vdots & \vdots & \vdots & \vdots & \vdots & \vdots \\ 0 & 0 & 0 & 0 & 0 & 0 \\ M_{z1} & \cdots & M_{zm} & M_{zm} & \cdots & M_{z1} \end{bmatrix}$$

因此，标定力矩阵 $\boldsymbol{F}_s$ 为 $6 \times 12m$ 阶矩阵。

按上述共对六维力传感器施加标定力 $12m$ 次后，得到对应的测量分支输出电压的矩阵为 $\boldsymbol{U}$，当测量分支数为 n 时，输出电压矩阵 $\boldsymbol{U}$ 为 $n \times 12m$ 阶。根据式（4 - 1），在其两边同时乘以测量分支输出电压矩阵 $\boldsymbol{U}$ 的伪逆矩阵，可得

$$G_c = F_s U^+ \tag{4-3}$$

式中，U^+ 为 U 的伪逆矩阵，有 $U^+ = U^T (U U^T)^{-1}$；G_c 即为标定矩阵。

理想中的六维力传感器是一个线性系统，但在实际的测量当中，输入六维力与输出分支电压值之间的比例关系并不完全确定。最小二乘静态标定算法就是在多次加载后，对电压数据进行线性拟合得到的输入量与输出量比例关系矩阵，即标定矩阵。故根据标定矩阵计算得出的六维力在数值上与标定力之间会存在着一定偏差，这些偏差的大小即反映出了该传感器的实际测量精度。将式（4-3）代入式（4-1）可得到标定力的测量值为

$$F_c = F_s U^+ U \tag{4-4}$$

式中，$F_c = [F_{cx}, F_{cy}, F_{cz}, M_{cx}, M_{cy}, M_{cz}]$，其中每一项均为 $6 \times 2m$ 维矩阵。

将标定力的实际值和计算值做差并取其绝对值，得

$$\Delta L = |F_s - F_c| = [\Delta L_{Fx} \quad \Delta L_{Fy} \quad \Delta L_{Fz} \quad \Delta L_{Mx} \quad \Delta L_{My} \quad \Delta L_{Mz}] \tag{4-5}$$

根据式（4-5）计算所出的偏差即为传感器正常工作时在各测量方向上的综合非线性偏差。把式（4-5）各项的偏差平均值与对应测量方向上的满载标定力或标定力矩的比值定义成传感器在实际测量中的线性度，例如 x 方向力线性度向量的计算公式为

$$E_{LFx} = \left[\frac{\text{ave}(\Delta L_{Fx1})}{F_{xm}} \quad \frac{\text{ave}(\Delta L_{Fx2})}{F_{ym}} \quad \frac{\text{ave}(\Delta L_{Fx3})}{F_{zm}} \right.$$
$$\left. \frac{\text{ave}(\Delta L_{Fx4})}{M_{xm}} \quad \frac{\text{ave}(\Delta L_{Fx5})}{M_{ym}} \quad \frac{\text{ave}(\Delta L_{Fx6})}{M_{zm}} \right]^T \tag{4-6}$$

式中　$\Delta L_{Fxi}(i = 1, 2, \cdots, 6)$——矩阵 ΔL_{Fx} 的第 i 行元素；

　　　ave(·)——向量（·）中所有元素的平均值。

式（4-6）中，向量 E_{LFx} 第一项反映了加载 x 方向标定力时 x 测量方向的线性度，另外五项反映了施加 x 方向标定力时，其余 5 维与其的耦合线性度。

同理可计算出施加另外 5 维标定力或标定力矩时其标定主方向的线性度及与其他维耦合的线性度向量，将各维线性度向量依次组合成矩阵的形式即可获得传感器的实际测量中的线性度矩阵为

$$E_L = [E_{LFx} \quad E_{LFy} \quad E_{LFz} \quad E_{LMx} \quad E_{LMy} \quad E_{LMz}] \tag{4-7}$$

E_L 为 6 阶矩阵，其对角线上的各项为 Ⅰ 类误差，它反映了各测量主方向上的线性度；而非对角线上的各项为 Ⅱ 类误差，它反映了不同测量方向之间的耦合线性度。

线性度矩阵较客观全面地反映了标定实验中加载各方向的标定力/力矩的在实际测量当中产生的误差。

4.1.2　正交并联六维力传感器在线静态加载方法

在线标定是将六维力传感器安装在实际工作位置，然后分别对其加载空间各方向力和力矩的一种标定方法。以设计时在测力平台建立的基坐标系做为加载标定力的基准，具体加载方法设计如下：

分别在传感器测力平台基坐标系的 x 轴正半轴和负半轴对称的位置设计加载点 1 和加载点 2，y 轴正半轴和负半轴对称的位置设计加载点 3 和加载点 4，基坐标系原点处设计加载点 5，其中坐标轴上的四个加载点 1，2，3，4 关于基坐标系原点中心对称，距原点距离均为 l。传感器标定加载点分布示意图如图 4－1 所示。

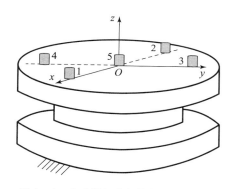

图 4－1　传感器标定加载点分布示意图

加载 x 轴正方向的外力时，在加载点 2 悬挂钩码，负载重力为 G_2；调整机器人位置姿，使得传感器钩码悬线仅在钩码重力作用下可竖直通过加载点 1，如图 4－2（a）所示。由于两点确定一条直线，则此时可确定基坐标系 x 轴与加载点 2 钩码悬线重合，x 轴的正方向为沿重力的方向竖直向下，传感器仅受

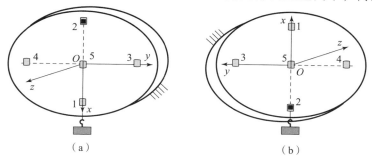

图 4－2　x 轴加载示意图

（a）加载 x 轴正方向的外力；（b）加载 x 轴负方向的外力

到沿 x 轴正向的负载力 F_x，且有 $F_x = G_2$。

　　加载 x 轴负方向外力的方法与正方向力的加载方法类似，在加载点 1 悬挂钩码，负载重力为 G_1；调整机器人位置姿，使得加载点 1 钩码悬线仅在钩码重力作用下可竖直通过加载点 2，如图 4 - 2（b）所示。此时可确定基坐标系 x 轴与加载点 1 钩码悬线重合，x 轴正方向沿重力作用线竖直向上，传感器仅受沿 x 轴负方向的负载力 F_x，且有 $F_x = - G_1$。

　　加载 x 轴正方向的外力矩时，调整机器人位置姿使传感器测力平台水平向下，在加载点 3 悬挂钩码，负载重力为 G_3，如图 4 - 3（a）所示。此时传感器 z 轴的正方向沿重力的方向竖直向下，传感器受到绕 x 轴的正向负载力矩为 M_x，有 $M_x = lG_3$，同时也受沿 z 轴正方向负载力 F_z，有 $F_z = G_3$。

　　加载 x 轴负方向的外力矩时，调整机器人位置姿使传感器测力平台水平向下，在加载点 4 悬挂钩码，负载重力为 G_4，如图 4 - 3 所示负向负载力矩为 M_x，有 $M_x = - lG_4$，同时也受沿 z 轴正方向负载力 F_z，有 $F_z = G_4$。

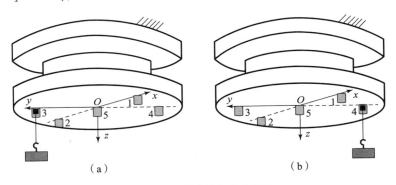

图 4 - 3　x 轴力矩加载示意图
（a）加载 x 轴正方向的外力矩；（b）加载 x 轴负方向的外力矩

　　加载 y 轴正方向的外力的方法与 x 轴方向类似。在加载点 4 悬挂钩码，负载重力为 G_4，调整机器人位置姿，使得加载点 4 钩码悬线仅在钩码重力作用下可竖直通过加载点 3，加载示意图如图 4 - 4（a）所示。同理，此时 y 轴正方向沿重力方向竖直向下，传感器仅受沿 y 轴正方向的负载力 F_y，且有 $F_y = G_4$。

　　当加载 y 轴负方向上的外力时，在加载点 3 悬挂钩码，负载的重力为 G_3；调整机器人位置姿，使得加载点 3 钩码悬线仅在钩码重力作用下可竖直通过加载点 4，加载示意图如图 4 - 4 中（b）所示。此时 y 轴正方向沿重力作用线竖直向上，传感器仅承受沿 y 轴负方向负载力 F_y，且有 $F_y = - G_3$。

　　加载 y 轴正方向的外力矩时，调整机器人位置姿使传感器测力平台水平向

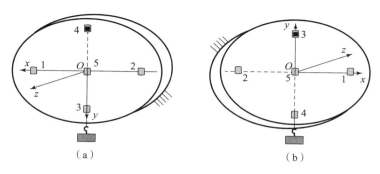

图 4 – 4　y 轴力加载示意图
（a）加载 y 轴正方向的外力；（b）加载 y 轴负方向的外力

下，在加载点 2 悬挂钩码，负载重力为 G_2，如图 4 – 5（a）所示。此时传感器 z 轴的正方向沿重力的方向竖直向下，传感器承受绕 y 轴的正向负载力矩 M_y，有 $M_y = lG_2$，同时也受沿 z 轴正方向负载力 F_z，有 $F_z = G_2$。

加载 y 轴负方向的外力矩时，调整机器人位置姿使传感器测力平台水平向下，在加载点 1 悬挂钩码，负载重力为 G_1，如图 4 – 5（b）所示。此时传感器 z 轴正方向沿重力方向竖直向下，传感器承受绕 y 轴负向负载力矩 M_y，有 $M_y = -lG_1$，同时也受沿 z 轴正方向负载力 F_z，有 $F_z = G_1$。

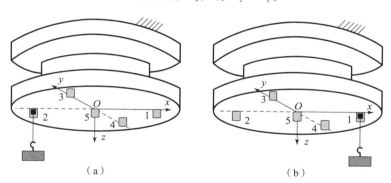

图 4 – 5　y 轴力矩加载示意图
（a）加载 y 轴正方向的外力矩；（b）加载 y 轴负方向的外力矩

加载 z 轴正方向的力时，调整机器人位置姿使测力平台水平向下，此时 z 轴正方向沿重力方向竖直向下。在加载点 5 悬挂钩码，负载重力为 G_5。加载示意图如图 4 – 6（a）所示。此时传感器仅承受了 z 轴正向负载力 F_z，且有 $F_z = G_5$。

加载 z 轴负方向的力时，调整机器人位置姿使测力平台水平向上，此时 z 轴正方向沿重力作用线竖直向上。在加载点 1、2 或加载点 3、4 悬挂质量相等的钩码，各加载点负载重力均为 G。加载示意图如图 4－6（b）所示。此时传感器负载合力矩为零，因而仅受沿 z 轴负方向的负载力 F_z，有 $F_z = -2G$。

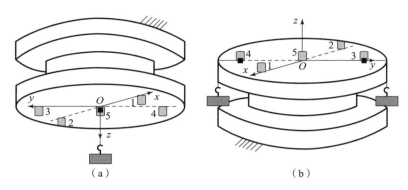

图 4－6　z 轴力加载示意图

（a）加载 z 轴正方向的力；（b）加载 z 轴负方向的力

　　加载 z 轴正方向的外力矩时，首先在加载点 2 悬挂钩码，调整机器人位置姿使加载点 2 悬挂钩码的悬线仅在钩码重力作用下能够竖直通过加载点 1，此时传感器 x 轴的正向为沿重力方向向下。调整好传感器姿态后，取下加载点 2 的钩码，在加载点 4 悬挂钩码，负载重力为 G_4，如图 4－7（a）所示。此时传感器承受绕 z 轴的正向负载力矩 M_z，有 $M_z = lG_4$，同时也受沿 x 轴正方向负载力 F_x，有 $F_x = G_4$。

　　加载 z 轴负方向的外力矩时，同样首先在加载点 2 悬挂钩码，调整机器人位置姿使加载点 2 悬挂钩码的悬线仅在钩码重力作用下能够竖直通过加载点 1，此时传感器 x 轴正方向沿重力方向竖直向下。调整好传感器姿态后，取下加载点 2 的钩码，在加载点 3 悬挂钩码，负载重力为 G_3，如图 4－7（b）所示。此时传感器承受绕 z 轴的负向负载力矩 M_z，有 $M_z = -lG_3$，同时也受沿 x

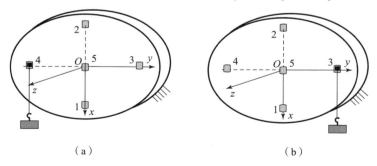

图 4－7　z 轴力矩加载示意图

（a）加载 z 轴正方向的外力矩；（b）加载 z 轴负方向的外力矩

轴的正方向的负载力 F_x，有 $F_x = G_3$。

|4.2　标定系统硬件组成|

在完成了正交并联六维力传感器的理论分析、静态标定算法和加载方法研究后，本章以六分支正交并联结构为例，进行传感器样机的设计制造，标定系统的搭建以及进行在线静态标定实验等研究。

样机的在线静态标定系统由系统硬件和系统软件两大部分组成，其中系统硬件部分又包括数据采集卡、上位机、传感器样机、电压信号放大器、24 V直流稳压电源等。

传感器样机与 24 V 直流稳压电源连接，在受到六维外力作用时，六个单维力传感器产生电压信号，电压信号经过放大器的处理后传送到数据采集卡，采集卡这些变化的数据信号收集并传送到上位机，经过标定软件对信号进行计算分析后得到相应的处理结果并最终将处理结果显示在标定软件前面板。数据信号在标定系统中的传送及处理流程图如图 4 - 8 所示。

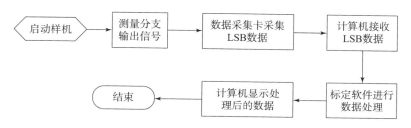

图 4 - 8　信号的传送及处理流程图

标定系统硬件部分包括数据采集卡、上位机、传感器样机、电压信号放大器、24 V 直流稳压电源等。六分支正交并联六维力传感器样机具有模块化结构，其中包括三大主要组成部分有：测力平台、固定平台以及六个测量分支。其中第一代六维力传感器测力平台和固定平台采用 3D 打印技术进行加工制造，在此基础之上加工制造了钢架结构的第二代传感器样机，六个测量分支选用 S 形单维力传感器。

4.2.1　测量分支

为方便样机的加工组装和调试，测量分支选用已调试好的 S 形单维力传感器产品。此类传感器的外观类似于 S 形，是最为常见的一种用于单维力测量的传感器，它的主要适用场合为测量两个连接固体间存在的拉压力。此类传感器的结构体采用合金钢材质，易安装，使用方便，常用于各种电子测力系统。

六分支正交并联六维力传感器结构样机中总共需要使用六个 S 形传感器作为测量分支，分支三维模型如图 4 - 9（a）所示。这里使用的 S 形单维力传感器两连接端为直径 5 mm 的螺纹孔，采用螺栓固定于测力平台和固定平台上，应变片贴在中间方孔中。根据 3.4.1 节中曲面打磨作业工况要求，选择 S 形单维力传感器量程为 5 kg，其外观结构如图 4 - 9（b）所示，其外形尺寸为 30 mm×25 mm×10 mm。具体产品性能参数如表 4 - 1 所示。

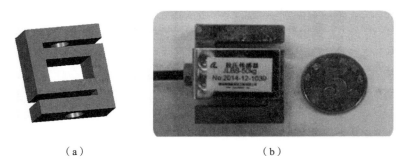

（a）   （b）

图 4 - 9　S 形单维力传感器

（a）分支三维模型；（b）外观结构

表 4 - 1　S 形单维力传感器产品性能参数

性能指标		参数及单位	
输出灵敏度 Reted Output	S		mv/V
线性 Linearity	L	0.1	% F. S
滞后 Hysteresis	H	0.1	% F. S
重复性 Repeatability	R	0.1	% F. S
零点输出 Zero Balance	Z	0.02	% F. S/10 ℃
蠕变 Creep（30 min）	Cp	±0.01	% F. S/30 min
输入阻抗 Input Impedance		385±15	±Ω
输出阻抗 Output Impedance		350±3	±Ω
绝缘阻抗 Insulation		≥5 000	MΩ
温度范围 Temperature Range		-30~70	℃
安全超载 Safe Overload		150	%
激励电压 Excitation Voltage		5~15	VDC

4.2.2　样机本体研制

样机本体主要由测力平台和固定平台两部分组成，第一代样机的制造采用了3D打印的方法。

3D打印加工制造技术的研究始于20世纪80年代中期，此技术包含多学科领域，其依托为三维化数字模型，通过将具有黏合性的材料（如金属、塑料等）进行分层式打印的方法快速制作实体模型，能够完成各种复杂形状的产品的加工。3D打印产品通常是应用数字技术材料制造而成。在研发初期，3D打印技术通常用于模具制造及工业设计等技术领域，随着计算机以及材料科学的进步，许多产品现已能直接通过3D打印的方法制造，特别的是具有复杂结构的零部件产品，现已经可以直接采用3D打印的方法制成。

第一代样机本体结构设计中，借鉴弹性球铰的设计思想，在单维力传感器安装处设计了圆形凸台结构，传感器与圆形凸台直接接触，使其安装表面与平台或立柱表面之间留有间隙，这样可以消除S形单维力传感器所受的弯矩，保证其只受沿分支轴向的拉压力。为简化样机整体外形结构，使用公称直径为5 mm的沉头内六角螺栓安装S形单维力传感器。根据3.4.1节中工况要求，设计六分支正交并联六维力传感器的量程为：$F_x = F_y = F_z = 40$ N，$M_x = M_y = M_z = 2$ N·m。根据3.4.2节中参数优化结果和S形单维力传感器的外形尺寸，设计第一代样机本体的三维模型图如图4-10所示。

（a）　　　　　　　　　　　　　　　　（b）

图4-10　样机本体三维模型

（a）正面；（b）反面

第一代样机本体选用PLA材料进行制作。PLA是3D打印技术中常用的生物基原材料，具有可降解、加工时刺激气味小的环保特点，并且加工出来的成品具有硬度大、强度高的力学性能。依照三维模型使用3D打印来加工和制作样机本体。将样机本体和测量分支组装后的六分支正交并联六维力传感器样机如图4-11所示。

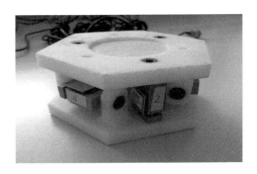

图 4 - 11　第一代传感器样机

　　第二代传感器样机本体选用优质合金钢，时效时间长。S 形力传感器是一个闭合的四边形刚架，其技术已经发展的非常成熟了。它利用 S 形的曲线路径完成力的传递，这种设计不仅能够消除测量区内的接触应力，又能为重力测量提供大小相同、方向相反的理想应变的测量环境。

　　应变梁结构处于 S 形传感器的中间部位，用于原装电阻应变计，起着极其重要的作用。其结构主要分为双弯曲梁结构和剪应力梁结构，其中双弯曲梁结构适合于制作小量程式传感器，因此选用双弯曲梁结构。我们选用的这种构型等同于双弯曲梁结构，而且大大减小了整体体积，加工简便，应用更加广泛。

　　应变片的工作原理为：当 S 形传感器受到外界力的作用时，应变片的电阻值相应的发生变化。因此，应变片应贴在中间方孔内顶部最薄弱处，感受外力变化最敏感。此类传感器中间孔上下梁的厚度较薄，其余地方厚，可以通过扩大孔的距离来增加电阻应变片安装处的厚度，也提高了它的刚度。选择 S 形传感器的量程为 5 kg，外形尺寸为 30 mm × 20 mm × 10 mm。测力平台和固定平台如图 4 - 12 所示，其六边形直径为 50 mm，厚度为 8 mm，立柱厚度为 6 mm。

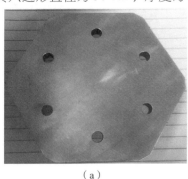 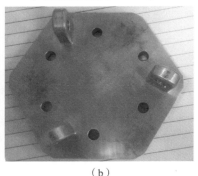

（a）　　　　　　　　　　　　　　（b）

图 4 - 12　上下平台样机

（a）测力平台；（b）固定平台

最终，将上下平台和测量分支组装后的正交并联六维力传感器样机如图 4 – 13 所示，整体厚度为 15 mm。

图 4 – 13 第二代传感器样机

4.2.3 数据采集与传输设备

在线静态标定实验硬件系统使用北京阿尔泰公司推出的 PCI8932 数据采集卡进行数据采集。它是一种基于 PCI 总线的数据采集板卡装置，该卡可以直接安在 IBM – PC/AT 或与操作系统能够兼容的上位机的任一 PCI 插槽中，从而在各实验或检测等工作中完成对数据的采集以便对其进行集中处理和分析。

在本系统中主要使用 PCI8932 数据采集卡的 AD 模拟量输入功能，该采集卡的数据转换精度为 13 位（bit），第 13 位为符号位。由于 S 形单维力传感器产品的输出电压在 ±5 V 的范围内，因此选择采集卡的输入模式为双极性，量程为 ±5 V。采集卡模拟输入通道总数为单端 16 路通道/双端 8 路通道，本实验选择单端输入，共 6 路通道。

将 PCI8932 数据采集卡插入 32 位操作系统的计算机 PCI 插槽中，安装驱动软件既可完成其与计算机的连接；再将正交并联六维力传感器样机与 24 V 电源连接，样机输出端经信号放大器与采集卡连接，即完成了标定系统硬件部分的搭建。

|4.3 基于 LabVIEW 的标定系统软件开发|

正交并联六维力传感器的在线标定软件采用 LabVIEW 进行开发。LabVIEW 是由美国国家仪器公司，即 National Instruments（简称为 NI）公司研发的一种类似于 C 和 BASIC 语言的程序开发环境。但是 LabVIEW 与其他计算机语言的显著区别是：LabVIEW 不是使用文本形式的汇编语言来编写程序代码，而是使用图形化汇编语言 G 代码来进行程序编写，以框图的形式生成程序，其编写功能是模块化的，且操作界面友好。近年来 LabVIEW 在工业、军事、医疗等高新技术领域的运用已越来越广泛。因此，采用 LabVIEW 来开发正交并联六维力传感器在线标定实验过程中信号采集与数据处理软件。

4.3.1　数据采集、存储与显示

静态标定过程中测量分支产生的电压信号由数据采集卡采集并传输到计算机。之后由 LabVIEW 程序来调用数据采集卡，按照使用说明来完成 AD 数据的采集和传送，并对数据信号进行读取和存储。AD 采集流程图如图 4 – 14 所示。

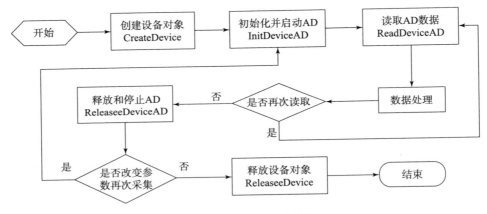

图 4 – 14　AD 采集流程图

首先调用数据采集卡驱动程序中自带的库函数节点模块 CreateDevice（ ）创建一个新的 AD 设备，完成对采集卡的调用。在 CreateDevice 函数中创建新设备对象的句柄 hDevice，hDevice 将作为其一个参数将设备的信息传递给后续其他函数。之后，调用库函数中的 InitDeviceAD 节点函数来初始化这个新的 AD 设备，该函数的 pADPara 参数结构体决定了进行数据采集过程中参数的设置，对 pADPara 的各组成部分，如首末通道、模拟量输入量程范围、接地方式、程控增益等参数进行简单赋值，即可实现对当前设备和硬件的初始化设置，然后 InitDeviceAD 函数即可启动这个 AD 设备。操作 AD 设备的程序框图如图 4 – 15 所示。

采集卡直接采集到的信号数据为 LSB 形式，调用库函数 ReadDevice AD 对 LSB 数据读取完毕后，需要根据采集卡的精度（即 Bit 位数）和分支上单维力传感器的输出电压信号范围将原始 LSB 数值转化为电压值 Volt。其中，数据采

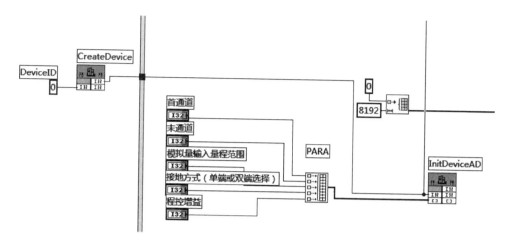

图 4 - 15　操作 AD 设备的程序框图

集卡的 Bit 位数决定了采集数据的总宽度 Count LSB。

这里采用的 PCI8932 采集卡的转换精度为 13 位（bit），输入量程根据 S 形单维力传感器的输出信号参数设为 ± 5 V（双极性），则 LSB 数据转换为电压值的关系式为

$$Volt = (10\ 000.\ 00/8\ 192) \times (ADBuffer[0]\&0x1FFF) - 5\ 000.\ 00 \quad (4-8)$$

转换关系式的程序框图如图 4 - 16 所示，转换后的电压数据按采集通道分别写入数组，以便进行后续的数据处理和分析。

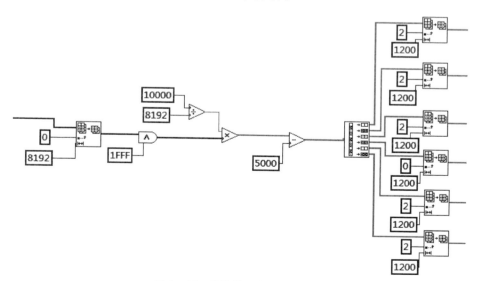

图 4 - 16　转换关系式的程序框图

标定实验中需要将转换后的电压数据进行进一步的分析和处理，因此需要在程序中将电压数据存储在文件中以备调用。LabVIEW 编程工具选板中自带的 Excel 通信功能能够将数据存储在 Excel 表格中，以便于对数据的读取和计算。调用 LabVIEW 函数选板中的条件结构程序框，当采集电压按钮为开启时，条件结构读取真值，将电压数据存入 Excel 表格，并读取表格中的数据将其显示在前面板中，如图 4 – 17 所示；当采集电压按钮关闭时，条件结构读取假值，如图 4 – 18 所示，电压数据将实时显示在前面板中。分支电压值（mV）在前面板中的显示控件如图 4 – 19 所示。

4.3.2　标定算法的实现

我们采用各方向多点加载标定力及标定力矩，采用最小二乘法对测量分支输出的数据进行拟合，得到标定矩阵。

首先，加载标定力的输入控件设计在前面板上，如图 4 – 20 所示，根据加载情况在隔窗内输入相应数值，输入完成后单击保存按钮，输入的标定力被临时写入电子表格，程序框图如图 4 – 21 所示。然后单击导入按钮，电子表格里的标定力数据即会写入并保存在 Excel 表格中，程序框图如图 4 – 22 所示。

加载稳定后需要采集并存储测量分支电压。首先将采集并转换后的电压写入电子表格，程序框图如图 4 – 23 所示，之后将电子表格中的电压数据存储在 Excel 文件中，程序框图如图 4 – 24 所示。

有了标定力和对应的分支电压接下来就可以进行最小二乘计算，求出标定矩阵。调用之前导入 Excel 文件中的标定力数据和对应的测量分支电压数据，将其分别转换为矩阵形式再相乘，得到标定矩阵，程序框图如图 4 – 25 所示。

标定矩阵显示控件如图 4 – 26 所示，单击标定按钮得到的标定矩阵即可显示在前面板上。

4.3.3　六维力实时测量与显示

在标定与测量之前为避免安装应力对实验结果的影响，应首先将设备初始值清零。软件清零功能由三个步骤实现，首先采集各测量分支电压初始值并写入电子表格，然后将初始值导入 Excel 表格并保存，最后读取 Excel 表格中的数据并在之后采集到的电压数据中将其减去。清零功能程序框图如图 4 – 27 所示。

完成设备清零后既可进行标定实验，通过最小二乘计算功能得到标定矩阵并显示在软件前面板上。得到标定矩阵后就可实现样机对六维力的实时测量以及软件界面上测量力的显示，程序框图如图 4 – 28 所示。至此，标定系统软件的功能已全部实现。软件操作界面如图 4 – 29 所示。

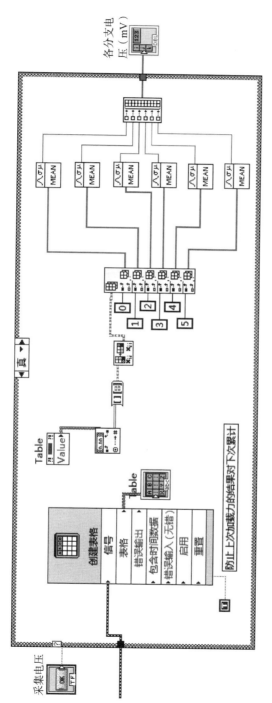

图4－17 分支电压存储及显示程序框图

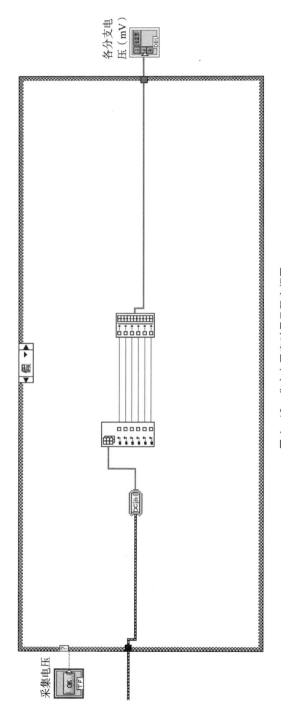

图 4 – 18　分支电压实时显示程序框图

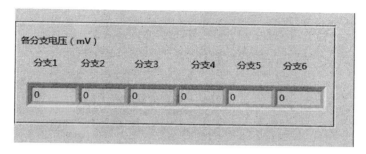

图 4 - 19　分支电压显示控件

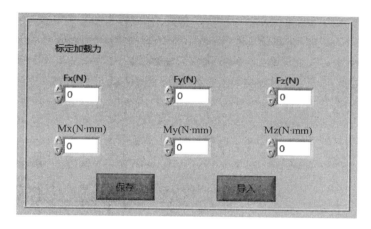

图 4 - 20　标定力输入控件

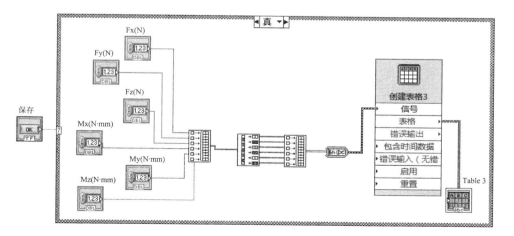

图 4 - 21　将标定力写入电子表格的程序框图

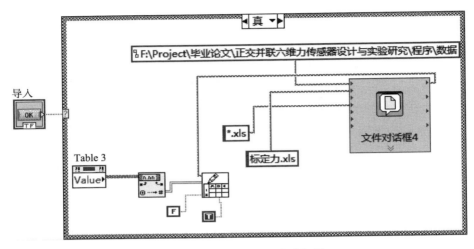

图 4-22　存储分支电压程序框图

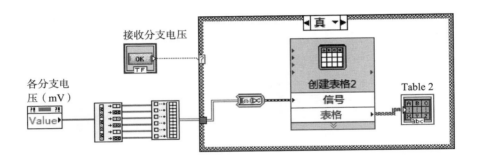

图 4-23　接收分支电压的程序框图

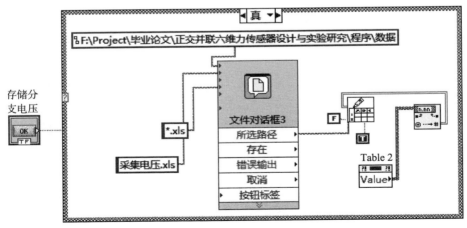

图 4-24　存储分支电压程序框图

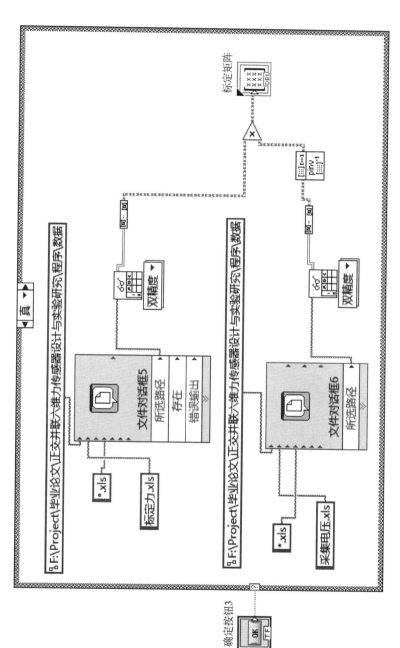

图 4 - 25　最小二乘法程序框图

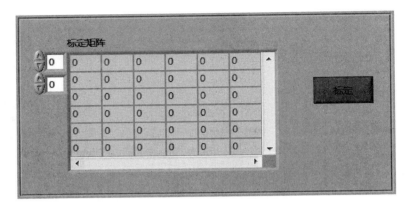

图 4 – 26　标定矩阵显示控件

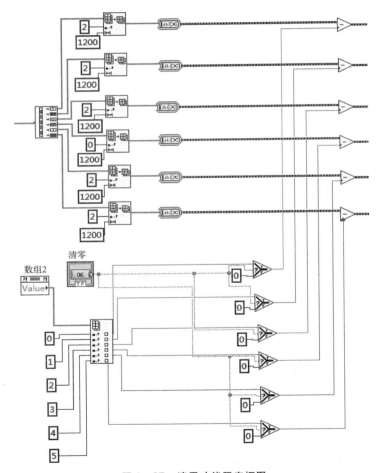

图 4 – 27　清零功能程序框图

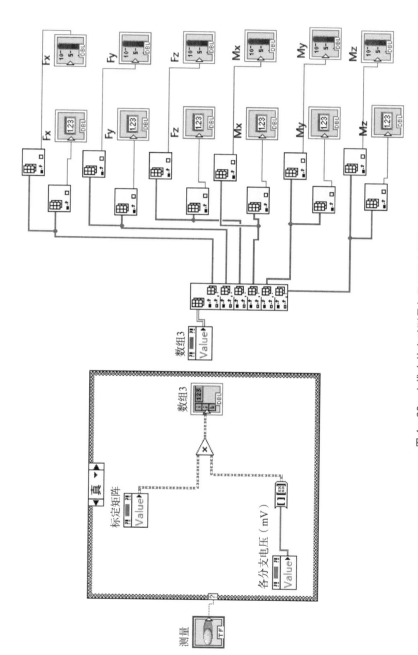

图 4 - 28　六维力的实时测量与显示程序框图

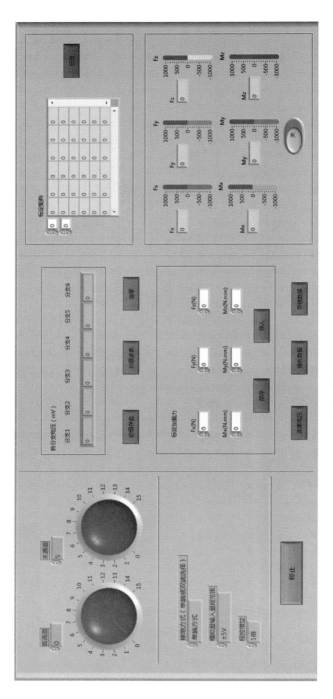

图 4 - 29　标定软件操作界面

至此，标定系统软件的开发及硬件设备连接已完成，标定系统搭建完毕。接下来就可以进行正交并联六维力传感器样机的在线静态标定实验。

|4.4　标定实验及实验结果|

正交并联六维力传感器样机在线静态标定系统的硬件及软件部分均已搭建并连接完毕，如图 4 – 30（a）所示。将第二代正交并联六维力传感器样机安装在 6 自由度通用机械臂的手腕关节上即可进行在线标定实验，如图 4 – 31（b）所示。

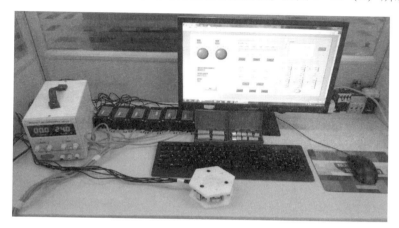

（a）

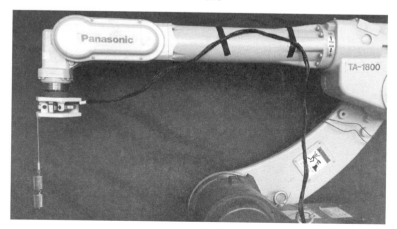

（b）

图 4 – 30　样机在线静态标定实验系统

（a）六维力传感器检测系统；（b）在线静态标定

根据4.1.1节和4.1.2节所述的标定和加载方法进行传感器样机在线静态标定实验。具体实验步骤为：

（1）将传感器样机安装在空间六自由度通用机械臂的手腕关节处；

（2）根据4.1.2节所述的在线加载方法，调整机械臂位姿到传感器样机需进行标定的方向；

（3）启动24 V电源和计算机，运行标定系统软件，将测量分支初始值清零；

（4）将待标定方向的设计量程均分为20个加载值依次进行加载和卸载，力/力矩加载值之间间隔为2 N/50 N·mm，即待标定方向分别加载、卸载20次，每次增加或减少一个200 g钩码；

（5）使用软件的存储功能，依次写入每次加载时的标定力/力矩和对应的测量分支电压值；

（6）按照步骤（2）~（5），分别对空间六维力的正、负共十二个方向进行加载和记录；

（7）对记录的标定力/力矩和测量分支电压值采用最小二乘法进行线性拟合，得到标定矩阵；

（8）对传感器样机施加外力，验证传感器样机的实时检测功能。

在线静态标定实验过程中，正交并联六维力传感器样机在 x 轴正方向加载标定力的部分数据如表4-2所示。

表4-2　x 轴正方向加载标定力的部分数据

加载标定力 /N	2	4	6	8	10	12	…
分支1电压 /mV	−0.66	−1.776	−3.261	−5.74	−7.461	−8.847	…
分支2电压 /mV	−2.408	−5.915	−7.9	−10.092	−12.439	−13.381	…
分支3电压 /mV	5.752	7.126	11.913	12.755	13.436	14.184	…
分支4电压 /mV	−0.491	−0.785	−0.569	−0.219	−0.895	−0.817	…
分支5电压 /mV	6.052	9.285	10.339	11.035	12.056	13.201	…
分支6电压 /mV	−1.65	−4.353	−7.222	−8.556	−9.356	−10.17	…

经过实验数据的最小二乘法处理，得到第二代正交并联六维力传感器样机的在线静态标定矩阵为

$$G_6 = \begin{bmatrix} -0.038 & 0.083 & 0.001 & -0.120 & 0.549 & -0.460 \\ 0.048 & 0.022 & -0.020 & -0.497 & 0.135 & 0.287 \\ 0.175 & 0.176 & 0.177 & 0.100 & 0.091 & -0.007 \\ -11.771 & 14.844 & -1.057 & -18.029 & 12.274 & 5.650 \\ -9.053 & -5.296 & 10.134 & -0.486 & -6.792 & 5.621 \\ 1.020 & -2.358 & -0.555 & -7.830 & -14.268 & -13.130 \end{bmatrix} \quad (4-9)$$

根据式（4-4）~式（4-7），对数据进行分析后得到样机的线性度矩阵为

$$E_L = \begin{bmatrix} 0.065\,1 & 0.047\,8 & 0.024\,7 & 0.079\,9 & 0.028\,6 & 0.055\,1 \\ 0.009\,3 & 0.041\,3 & 0.037\,8 & 0.026\,7 & 0.019\,7 & 0.036\,2 \\ 0.010\,0 & 0.015\,8 & 0.022\,5 & 0.027\,4 & 0.029\,9 & 0.010\,2 \\ 0.014\,7 & 0.059\,0 & 0.014\,3 & 0.009\,8 & 0.033\,3 & 0.009\,3 \\ 0.004\,9 & 0.029\,0 & 0.011\,8 & 0.017\,5 & 0.030\,3 & 0.025\,7 \\ 0.023\,7 & 0.008\,8 & 0.010\,4 & 0.020\,5 & 0.005\,7 & 0.014\,1 \end{bmatrix} \quad (4-10)$$

由式（4-10）可知，样机最大 I 类测量误差为 6.51% F.S.，最大 II 类测量误差为 7.99% F.S.。可以看出，样机在六个测量主方向以及耦合方向上均有较好的线性度，实验结果表明样机在实际测量当中能够获得较好的测量精度。

实验中传感器样机对六维力的实时检测与显示如图 4-31 所示。实验结果证明：正交并联六维力传感器样机能够实现对六维外力的实时检测功能。

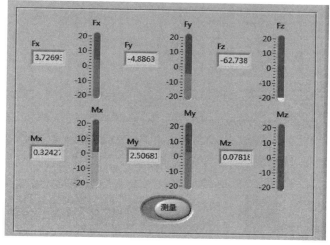

图 4-31　六维力的实时检测与显示

以上实验结果可看出传感器样机能够实现六维力的实时检测，且有较好的测量线性度，能够应用在工业生产中的六维力测量任务。

|4.5 六维力传感器分支变形对精度的影响|

第3章分析了六维力传感器的主要静态性能评价指标，这些指标是衡量传感器优劣的重要方面，因此对传感器进行误差分析，以提高传感器的各项性能具有重要的意义。影响六维力传感器测量精度因素有很多，比如敏感元件布置形式、各部分重力、数据采集系统误差，等等。很多因素可以引起六维力传感器的测量误差，有些误差是由测量系统或测量原理本身引起的，无法彻底消除；而有些则可以通过一定的优化或补偿算法使之减小和避免。

本节针对并联式六维力传感器，从影响传感器测量精度的因素出发，分析测量分支弹性变形对六维力传感器测量精度的影响程度，分析六维力传感器结构中影响测量精度的主要原因，进而通过一定的优化和补偿使传感器测量精度得到提高，使所开发的六维力传感器更加具有实用化和商业化。

4.5.1 Stewart 并联结构六维力传感器数学模型

本节对传统 Stewart 结构六维力传感器进行误差分析，因此分析结果更具普遍性意义。

首先建立 Stewart 并联结构六维力传感器的数学模型，如图 4 - 32 所示。Stewart 并联结构六维力传感器由上平台、下平台以及六个弹性测量分支组

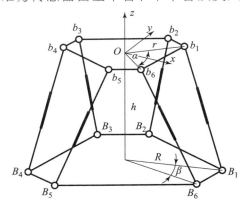

图 4 - 32　Stewart 并联结构六维力传感器示意图

成，测量分支两端与平台通过球副连接。图 4 – 32 中，$B_i(i=1，2，\cdots，6)$ 表示下平台球铰点中心；$b_j(j=1，2，\cdots，6)$ 表示上平台球铰点中心，且在上下平台平面内相邻两个球铰点与中心连线夹角均为 120°。传感器的测量基准坐标系 $Oxyz$ 原点建立在上平台中心，x 轴、y 轴在上平台平面内，且 x 轴垂直于球铰点 b_1、b_6 连线，z 轴竖直向上。R 表示下平台球铰点到下平台中心距离；r 表示上平台球铰点到上平台中心距离。α 表示上平台平面内球铰点 b_1、b_6 与中心连线的夹角；β 表示下平台平面内球铰点 B_1、B_6 与中心连线的夹角；h 表示上下平台之间的高度，$l_i(i=1，2，\cdots，6)$ 表示各测量分支长度。

当有六维力作用在传感器上平台时，可由螺旋理论求得上平台静力平衡方程，可表示为

$$\begin{cases} \boldsymbol{F} = \displaystyle\sum_{i=1}^{6} f_i \boldsymbol{S}_i \\ \boldsymbol{M} = \displaystyle\sum_{i=1}^{6} \boldsymbol{r}_i \times f_i \boldsymbol{S}_i \end{cases} \tag{4 – 11}$$

式中，$\boldsymbol{F}$ 和 $\boldsymbol{M}$ 分别为作用在传感器上平台的作用力和力矩；$\boldsymbol{r}_i$ 为测量分支轴线一点在坐标系 $Oxyz$ 中的位置矢量；$\boldsymbol{S}_i$ 和 f_i 分别表示第 i 个测量分支方向矢量和测量分支所产生的反作用力。

式（4 – 11）可改写为矩阵形式为

$$\boldsymbol{F}_w = \boldsymbol{G} f \tag{4 – 12}$$

式中，$\boldsymbol{F}_w = [\begin{matrix} F_x & F_y & F_z & M_x & M_y & M_z \end{matrix}]^T$；$f = [\begin{matrix} f_1 & f_2 & \cdots & f_6 \end{matrix}]^T$。

式（4 – 12）中，映射矩阵 $\boldsymbol{G}$ 称作传感器的一阶静力影响系数矩阵，可表示为

$$\boldsymbol{G} = \begin{bmatrix} \boldsymbol{S}_1 & \boldsymbol{S}_2 & \cdots & \boldsymbol{S}_6 \\ \boldsymbol{r}_1 \times \boldsymbol{S}_1 & \boldsymbol{r}_2 \times \boldsymbol{S}_2 & \cdots & \boldsymbol{r}_6 \times \boldsymbol{S}_6 \end{bmatrix} \tag{4 – 13}$$

4.5.2　分支变形对传感器测量精度的影响

当有外力作用在传感器上平台时，六个测量分支产生反作用力，因此各测量分支会响应产生一定的轴向变形。由于对于 Stewart 并联结构而言，各平台的刚度要远远大于分支刚度，因此平台的变形相对于测量分支而言可以忽略。测量分支轴向变形会导致上平台位姿发生变化，如图 4 – 33 所示。

由各测量分支所产生的反作用力与其轴向变形之间的关系，综合所有测量分支并整理成矩阵形式，可得

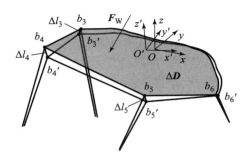

图 4 – 33　测量分支受力变形示意图

$$f = K\Delta l \tag{4 – 14}$$

式中，$\Delta l = \begin{bmatrix} \Delta l_1 & \Delta l_2 & \Delta l_3 & \Delta l_4 & \Delta l_5 & \Delta l_6 \end{bmatrix}^{\mathrm{T}}$；$K = \mathrm{diag}(k_1, k_2, k_3, k_4, k_5, k_6)$。

假设由测量分支轴向变形会引起上平台位姿变化为 ΔD，并将其写为如下形式

$$\Delta D = \begin{bmatrix} \Delta d & \Delta \theta \end{bmatrix}^{\mathrm{T}} \tag{4 – 15}$$

式中　Δd——位置变化矢量；

　　　$\Delta \theta$——姿态变化矢量。

由 Stewart 并联机构运动学，可得测量分支轴向变形与上平台位姿变化之间的映射关系为

$$\Delta l_i = S_i(\Delta d + \Delta \theta \times r_i) \quad (i = 1, 2, \cdots, 6) \tag{4 – 16}$$

$$\Delta S_i = S_i \times \frac{1}{l_i}(\Delta d + \Delta \theta \times r_i) \times S_i = \frac{\Delta d + \Delta \theta \times r_i - \Delta l_i S_i}{l_i} \tag{4 – 17}$$

式（4 – 16）表达了第 i 个测量分支的轴向变形与上平台位姿变化之间的关系，将六个测量分支综合到一起写成矩阵的形式为

$$\Delta D = \begin{bmatrix} S_1 & r_1 \times S_1 \\ S_2 & r_2 \times S_2 \\ \vdots & \vdots \\ S_6 & r_6 \times S_6 \end{bmatrix}^{-1} \Delta l = (G^{\mathrm{T}})^{-1} \Delta l \tag{4 – 18}$$

将式（4 – 14）代入式（4 – 18）中，可得

$$\Delta D = (KG^{\mathrm{T}})^{-1} f \tag{4 – 19}$$

根据式（4 – 19），当有外力作用到传感器上时，可由测量分支所受轴向力得到传感器上平台位姿变化。此时，传感器所受六维外力与测量分支轴向力之间的映射关系可写为

$$G' = \begin{bmatrix} S'_1 & S'_2 & \cdots & S'_6 \\ r'_1 \times S'_1 & r'_2 \times S'_2 & \cdots & r'_6 \times S'_6 \end{bmatrix} \qquad (4-20)$$

式中，$S'_i = S_i + \Delta S_i$；$r'_i = r_i + \Delta l_i S_i$；$r'_i \times S'_i = (r_i + \Delta l_i S_i) \times (S_i + \Delta S_i) = r_i \times (S_i + \Delta S_i)$。

将式（4-16）、式（4-17）代入式（4-20）中，可得到考虑测量分支变形后的传感器一阶静力影响系数矩阵。

由于测量分支受到轴向力后会产生一定的变形，进而导致传感器的输入输出关系矩阵发生变化。然而，测量分支轴向变形是与其受力有关的，因此需要实时计算矩阵 G' 来补偿分支变形对其映射矩阵的影响。映射矩阵 G' 相比未考虑分支变形的初始矩阵 G 更加接近实际情况，因此可以降低测量分支轴向变形所带来的测量误差。

4.5.3　数值算例与仿真验证

为了验证上述推导结果的正确性，本节采用数值实例进行分析。首先，假设 Stewart 并联结构六维力传感器的结构参数为：$R = 100$ mm，$r = 60$ mm，$h = 70$ mm，$\alpha = \pi/2$，$\beta = \pi/6$。

根据以上结构参数，求得传感器初始状态的一阶静力影响系数矩阵为

$$G_0 = \begin{bmatrix} -0.601\,6 & 0.459\,9 & 0.141\,7 & 0.141\,7 & 0.459\,9 & -0.601\,6 \\ 0.183\,7 & -0.429\,1 & -0.612\,8 & 0.612\,8 & 0.429\,1 & -0.183\,7 \\ 0.777\,4 & 0.777\,4 & 0.777\,4 & 0.777\,4 & 0.777\,4 & 0.777\,4 \\ 0.033\,0 & 0.045\,1 & 0.012\,1 & -0.012\,1 & -0.045\,1 & -0.033\,0 \\ -0.033\,0 & -0.012\,1 & 0.045\,1 & 0.045\,1 & -0.012\,1 & -0.033\,0 \\ 0.033\,3 & -0.033\,3 & 0.033\,3 & -0.033\,3 & 0.033\,3 & -0.033\,3 \end{bmatrix} \qquad (4-21)$$

假设传感器测量分支的刚度系数相同，均为 $k = 2.8 \times 10^5$ N/m，传感器的力与力矩量程分别为 $F_x = F_y = F_z = \pm 100$ N；$M_x = M_y = M_z = \pm 5$ N·m。

当作用在传感器上的力为 $F_x = 100$ N 时，由式（4-20）得到考虑分支变形的传感器的一阶静力影响系数矩阵为

$$G' = \begin{bmatrix} -0.604\,8 & 0.456\,7 & 0.137\,3 & 0.137\,3 & 0.456\,7 & -0.604\,8 \\ 0.183\,4 & -0.430\,1 & -0.612\,5 & 0.612\,5 & 0.430\,1 & -0.183\,4 \\ 0.775\,0 & 0.778\,8 & 0.778\,5 & 0.778\,5 & 0.778\,8 & 0.775\,0 \\ 0.032\,9 & 0.045\,1 & 0.012\,2 & -0.012\,2 & -0.045\,1 & -0.032\,9 \\ -0.032\,5 & -0.011\,8 & 0.045\,4 & 0.045\,4 & -0.011\,8 & -0.032\,5 \\ 0.033\,4 & -0.033\,0 & 0.033\,6 & -0.033\,6 & 0.033\,0 & -0.033\,4 \end{bmatrix} \qquad (4-22)$$

在 ADAMS 软件中建立 Stewart 结构六维力传感器模型，在传感器上平台沿

x 轴方向施加 100 N 的力，此时可测得各测量分支中产生的反作用力，代入式（4 – 14）中可分别计算出考虑测量分支变形前后传感器能够检测的六维力，将结果列于表 4 – 3 中。

表 4 – 3　施加 $F_x = 100$ N 时传感器的测量结果

六维力	F_x/N	F_y/N	F_z/N	$M_x/(\text{N} \cdot \text{m})$	$M_y/(\text{N} \cdot \text{m})$	$M_z/(\text{N} \cdot \text{m})$
理论值	100	0	0	0	0	0
补偿前	99.958 5	– 0.000 0	– 0.332 9	0.000 0	0.021 5	0
补偿后	99.996 2	– 0.000 0	0.000 3	0.000 0	0.000 4	0

由表 4 – 3 可看出，经过考虑测量分支变形进行补偿后，传感器的受力方向以及耦合方向的检测精度得到一定提高，从而验证了该补偿方法的可行性与正确性。

下面分析传感器由测量分支结构变形引起误差的影响因素。传感器的测量误差可由下式确定

$$E = \frac{|\boldsymbol{F}_s - \boldsymbol{F}_c|}{F_m} \times 100\% \qquad (4 – 23)$$

式中，$\boldsymbol{F}_s$ 为六维力的理论值；$\boldsymbol{F}_c$ 为六维力的测量值；$\boldsymbol{F}_m$ 为传感器的满量程力或力矩。

将考虑测量分支变形补偿前后得到的测量值 $\boldsymbol{F}_c$ 代入式（4 – 23）中，可分别得出补偿前后传感器的测量误差。由式（4 – 19）可看出，测量分支变形对传感器引起的误差与测量分支刚度系数和外力大小有关，图 4 – 34 所示为传感器的测量误差随外力大小以及分支刚度的变化曲线。从图 4 – 34 中可知，在所假设的 Stewart 并联结构参数下，当测量分支刚度大于 10^6 N/m 时其变形对测量误差的影响是很小的；另一方面，该误差与外力的大小直接相关，当外力增大时测量分支变形会变大，进而引起的误差也会变大。

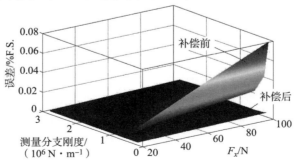

图 4 – 34　测量误差随外力大小以及分支刚度的变化曲线

当测量分支刚度为 2.8×10^5 N/m 时，通过计算得到了施加六个方向力/力矩时由分支变形引起的测量误差，如图 4 - 35 所示。经过对测量分支变形补偿前后所得误差的比较可看出，所提出的补偿算法可有效地减小由于测量分支变形引起的误差，进而提高传感器的测量精度。另外由上述计算和仿真也可看出，对于一般的并联结构六维力传感器来说，当测量分支刚度很高、量程不大的情况下，其结构变形对传感器测量精度影响很小，从而也验证了多分支并联结构用于六维力测量的可行性。

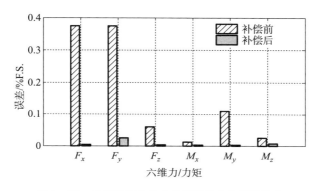

图 4 - 35　补偿前后六维力传感器各方向测量误差

|4.6　本章小结|

本章设计了在线静态标定的加载方法，由于标定环境与工作环境更加接近，避免了二次安装带来的误差，从而提高了传感器的实际测量精度。数据的处理采用最小二乘法拟合得到静态标定矩阵，推导了传感器线性度的计算方法。以六分支正交并联六维力传感器为例，研制了传感器样机；基于 LabVIEW 开发了在线静态标定系统软件，实现了在线静态标定实验中的数据采集、处理与六维力测量实时显示功能；搭建了在线静态标定系统，设计并完成了样机的在线静态标定实验，最终得到了样机的标定矩阵及线性度矩阵，确定了样机的最大线性误差。实验表明，正交并联六维力传感器样机能够实现对六维外力的实时检测，并且具有较好的测量精度。另外还分析了并联式六维力传感器测量分支轴向变形对其测量精度的影响。实验结果证明了前期研究中理论分析的正确性以及实验设计的合理性，为六维力传感器在工程中的实际应用提供了实验基础。

第 5 章

正交并联六维力传感器动态特性研究

目前在六维力传感器实际检测中，越来越多的场合需要检测动态的六维力或在运动过程中检测相互接触物体之间的作用力，因此对传感器的动态性能要求越来越高。作为机器人测控系统中提供检测和控制信息的关键部件，传感器动态性能的优劣将直接影响到测量的准确性和控制的实时性，影响到整个系统功能的正常发挥。在许多动态或准静态测量领域，控制对象的时间常数日益减小，要求六维力传感器必须具有快速的动态响应时间，能够准确、迅速地反映被测接触力的变化。因此，六维力传感器的动态特性变得尤为重要，其动态品质更为人们所重视。

5.1　动力学理论分析

5.1.1　测量分支动力学分析

以单个测量分支为研究对象，不考虑其他形式的变形，只研究测量分支沿其自身轴线的变形，视其自由度为 1，将其等效为弹簧 – 阻尼 – 质量块系统，如图 5 – 1 所示。

根据单自由度系统振动力学，测量分支的运动微分方程为

$$m_i \ddot{l}_i + c_i \dot{l}_i + k_i l_i = f_i \qquad (5-1)$$

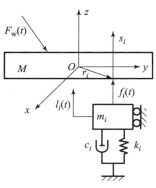

图 5 – 1　测量分支振动模型

式中　m_i——测量分支等效质量，kg；

　　　c_i——测量分支等效阻尼，N·s/m；

　　　k_i——测量分支等效刚度，N/m；

　　　l_i——测量分支线位移，m；

　　　f_i——测量分支所受轴向力，N。

将 6 个测量分支各自的运动微分方程列出，并且按顺序结合为矩阵形式，得

$$[\boldsymbol{m}]\ddot{\boldsymbol{l}} + [\boldsymbol{c}]\dot{\boldsymbol{l}} + [\boldsymbol{k}]\boldsymbol{l} = \boldsymbol{f} \tag{5-2}$$

式中　$[\boldsymbol{m}] = \mathrm{diag}[m_1,\ m_2,\ m_3,\ m_4,\ m_5,\ m_6]$；

　　　$[\boldsymbol{c}] = \mathrm{diag}[c_1,\ c_2,\ c_3,\ c_4,\ c_5,\ c_6]$；

　　　$[\boldsymbol{k}] = \mathrm{diag}[k_1,\ k_2,\ k_3,\ k_4,\ k_5,\ k_6]$；

　　　$\boldsymbol{l} = [l_1,\ l_2,\ l_3,\ l_4,\ l_5,\ l_6]^{\mathrm{T}}$；

　　　$\boldsymbol{f} = [f_1,\ f_2,\ f_3,\ f_4,\ f_5,\ f_6]^{\mathrm{T}}$。

5.1.2　六维力传感器动力学分析

以整个正交并联六维力传感器为研究对象，当测力平台受到外力 $\boldsymbol{F}_w$ 作用时，用广义坐标 $\boldsymbol{q} = [\boldsymbol{q}_1\ \boldsymbol{q}_2]^{\mathrm{T}} = [q_x\ q_y\ q_z\ q_{mx}\ q_{my}\ q_{mz}]^{\mathrm{T}}$ 来描述其空间运动，其中 $\boldsymbol{q}_1 = [q_x\ q_y\ q_z]$ 定义测力平台关于三坐标轴的移动，$\boldsymbol{q}_2 = [q_{mx}\ q_{my}\ q_{mz}]$ 定义测力平台关于三坐标轴的转动。正交并联六维力传感器的振动模型可以看成由 6 个空间单自由度二阶机械振动系统和 1 个质量块 $\boldsymbol{M}$ 组成，整个系统的基准坐标系 $Oxyz$ 选择同图 2-3。

参考图 5-1，首先建立广义坐标 $\boldsymbol{q}(t)$ 与测量分支线位移 $\boldsymbol{l}(t)$ 的关系，基于螺旋理论，则

$$l_i = \boldsymbol{S}_i \cdot (\boldsymbol{q}_1 + \boldsymbol{q}_2 \times \boldsymbol{r}_i) = [\boldsymbol{S}_i^{\mathrm{T}}\ (\boldsymbol{r}_i \times \boldsymbol{S}_i)^{\mathrm{T}}][\boldsymbol{q}_1\ \boldsymbol{q}_2] \tag{5-3}$$

式中　$\boldsymbol{S}_i$——第 i 个测量分支轴线在基准坐标系 $Oxyz$ 中的方向矢量；

　　　$\boldsymbol{r}_i$——第 i 个测量分支轴线上一点在基准坐标系 $Oxyz$ 中的位置矢量。

将所有分支方程按顺序整理为矩阵形式，得

$$\boldsymbol{l} = \boldsymbol{G}^{\mathrm{T}}\boldsymbol{q} \tag{5-4}$$

假设 $\boldsymbol{G}^{\mathrm{T}}$ 不随时间变化，式（5-4）等号两边同时对时间 t 求一阶导数与二阶导数，得

$$\dot{\boldsymbol{l}} = \boldsymbol{G}^{\mathrm{T}}\dot{\boldsymbol{q}} \tag{5-5}$$

$$\ddot{\boldsymbol{l}} = \boldsymbol{G}^{\mathrm{T}}\ddot{\boldsymbol{q}} \tag{5-6}$$

将式（5-4）、式（5-5）、式（5-6）代入式（5-2）中，得

$$[\boldsymbol{m}]\boldsymbol{G}^{\mathrm{T}}\ddot{\boldsymbol{q}} + [\boldsymbol{c}]\boldsymbol{G}^{\mathrm{T}}\dot{\boldsymbol{q}} + [\boldsymbol{k}]\boldsymbol{G}^{\mathrm{T}}\boldsymbol{q} = \boldsymbol{f} \tag{5-7}$$

再以测力平台为研究对象，不考虑其变形，根据牛顿第二定律，其运动方程为

$$[M_0]\ddot{q} + Gf = F_w \qquad (5-8)$$

式中　$[M_0]$——测力平台的质量矩阵，$[M_0] = \mathrm{diag}[M_0, M_0, M_0, I_{ox}, I_{oy}, I_{oz}]$。

将式（5-7）代入式（5-8），替换掉 f，进而得出

$$[M_0]\ddot{q} + G\{[m]G^T\ddot{q} + [c]G^T\dot{q} + [k]G^Tq\} = F_w \qquad (5-9)$$

整理式（5-9）中的同类项，可得

$$\{[M_0] + G[m]G^T\}\ddot{q} + G[c]G^T\dot{q} + G[k]G^Tq = F_w \qquad (5-10)$$

加入时间变量 t，即

$$[M]\ddot{q}(t) + [C]\dot{q}(t) + [K]q(t) = F_w(t) \qquad (5-11)$$

式中　$[M]$——六维力传感器的总质量矩阵，$[M] = [M_0] + G[m]G^T$；

　　　$[C]$——六维力传感器的总阻尼矩阵，$[C] = G[c]G^T$；

　　　$[K]$——六维力传感器的总刚度矩阵，$[K] = G[k]G^T$。

式（5-11）称作正交并联六维力传感器的整体运动微分方程，该方程表达了测力平台广义坐标 $q(t)$ 与所受六维外力 $F_w(t)$ 之间的关系。

实际情况中，阻尼数值往往不大，为了便于理论计算，通常不考虑阻尼项。在式（5-11）的基础上，进一步求系统的固有频率，略去阻尼项，不考虑外部激励，得到六维力传感器的无阻尼自由振动的运动微分方程：

$$[M]\ddot{q}(t) + [K]q(t) = 0 \qquad (5-12)$$

其解的表达形式设为

$$q(t) = A(t)\cos(\omega t + \varphi) \qquad (5-13)$$

式中　$A(t)$——振幅向量，m；

　　　ω——简谐振动频率，Hz；

　　　φ——相位角，为任意常数，rad。

将式（5-13）代入式（5-11）得

$$[K]A(t)\cos(\omega t + \varphi) - \omega^2[M]A(t)\cos(\omega t + \varphi) = 0 \qquad (5-14)$$

即

$$\{[K] - \omega^2[M]\}A(t)\cos(\omega t + \varphi) = 0 \qquad (5-15)$$

式（5-15）是一个关于解为"$A(t)\cos(\omega t + \varphi)$"的 6 元线性齐次代数方程组，该方程组有非零解的充要条件是它的系数行列式等于零，即

$$|[K] - \omega^2[M]| = 0 \qquad (5-16)$$

解式（5-16）便可求出传感器系统的前 6 阶固有频率 ω_1，ω_2，$\cdots$，ω_6，进而再求出各阶的振幅向量。

|5.2　模态分析|

将正交并联六维力传感器三维实体模型另存为 x_t 文件，打开 Ansys work-bench 有限元分析软件，选取 Model 模块导入 x_t 文件，对正交并联六维力传感器三维实体模型进行模态分析。

1. 定义材料

其中测力平台材质为铝合金，其属性为：密度 $\rho = 2.71 \times 10^3$ kg/m³；弹性模量（杨氏模量）$E = 70$ GPa；泊松比 $\mu = 0.33$。

测量分支材质为合金钢，其属性为：密度 $\rho = 7.85 \times 10^3$ kg/m³；弹性模量（杨氏模量）$E = 206$ GPa；泊松比 $\mu = 0.3$。

2. 网格划分

Relevance Center 取中等；Span Angle Center 取中等。最终网格数量为 135 092，网格划分效果如图 5 – 2 所示。

图 5 – 2　网格划分效果

3. 施加约束

将正交并联六维力传感器下平台固定，测力平台不施加外力，运行程序求解，得到前六阶固有频率仿真数值及对应振型，如表 5 – 1 和图 5 – 3 ～ 图 5 – 8 所示。

表 5-1　前 6 阶固有频率仿真数值表

阶数	频率/Hz	振型特征
1	1 180.3	沿 x 轴平移
2	1 181.1	沿 y 轴平移
3	1 421.8	绕 z 轴旋转
4	1 780.8	绕 x 轴旋转
5	1 781.0	绕 y 轴旋转
6	2 064.5	沿 z 轴平移

图 5-3　x 轴平移振型　　　　　　图 5-4　y 轴平移振型

图 5-5　z 轴旋转振型　　　　　　图 5-6　x 轴旋转振型

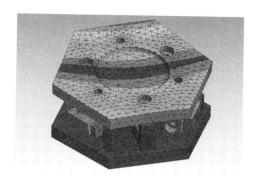

图 5-7 y 轴旋转振型

图 5-8 z 轴平移振型

|5.3   数值算例 |

在仿真软件中得到正交并联六维力传感器各部分的质量、刚度和惯量信息如下：

测量分支的等效质量 $m_i = 4.531\ 2 \times 10^{-2}$ kg，等效刚度 $k_i = 4.06 \times 10^5$ N/m。测力平台质量为 $M_0 = 0.235\ 0$ kg，转动惯量 $I_{0x} = I_{0y} = 1.808\ 4 \times 10^{-4}$ kg·m^2，$I_{0z} = 3.464\ 9 \times 10^{-4}$ kg·m^2。

根据以上信息，得出

$$\boldsymbol{m} = 10^{-2} \times \begin{bmatrix} 4.531\ 2 & 0 & 0 & 0 & 0 & 0 \\ 0 & 4.531\ 2 & 0 & 0 & 0 & 0 \\ 0 & 0 & 4.531\ 2 & 0 & 0 & 0 \\ 0 & 0 & 0 & 4.531\ 2 & 0 & 0 \\ 0 & 0 & 0 & 0 & 4.531\ 2 & 0 \\ 0 & 0 & 0 & 0 & 0 & 4.531\ 2 \end{bmatrix}$$

$$(5-17)$$

$$\boldsymbol{k} = 10^5 \times \begin{bmatrix} 4.06 & 0 & 0 & 0 & 0 & 0 \\ 0 & 4.06 & 0 & 0 & 0 & 0 \\ 0 & 0 & 4.06 & 0 & 0 & 0 \\ 0 & 0 & 0 & 4.06 & 0 & 0 \\ 0 & 0 & 0 & 0 & 4.06 & 0 \\ 0 & 0 & 0 & 0 & 0 & 4.06 \end{bmatrix}$$

$$(5-18)$$

$$\boldsymbol{M}_0 = 10^{-4} \times \begin{bmatrix} 2\,350 & 0 & 0 & 0 & 0 & 0 \\ 0 & 2\,350 & 0 & 0 & 0 & 0 \\ 0 & 0 & 2\,350 & 0 & 0 & 0 \\ 0 & 0 & 0 & 1.808\,4 & 0 & 0 \\ 0 & 0 & 0 & 0 & 1.808\,4 & 0 \\ 0 & 0 & 0 & 0 & 0 & 3.464\,4 \end{bmatrix}$$

$$(5-19)$$

由此得到式（5-16）中各系数矩阵为

$$\boldsymbol{M} = 10^{-4} \times \begin{bmatrix} 3\,029.48 & 0 & 0 & 0 & -10.2 & 0 \\ 0 & 3\,029.48 & 0 & 10.2 & 0 & 0 \\ 0 & 0 & 3\,709.16 & 0 & 0 & 0 \\ 0 & 10.2 & 0 & 2.79 & 0 & 0 \\ -10.2 & 0 & 0 & 0 & 2.79 & 0 \\ 0 & 0 & 0 & 0 & 0 & 5.10 \end{bmatrix}$$

$$(5-20)$$

$$\boldsymbol{K} = 10^{3} \times \begin{bmatrix} 609 & 0 & 0 & 0 & -9.14 & 0 \\ 0 & 609 & 0 & 9 & 0 & 0 \\ 0 & 0 & 1\,218 & 0 & 0 & 0 \\ 0 & 9.14 & 0 & 0.88 & 0 & 0 \\ -9.14 & 0 & 0 & 0 & 0.88 & 0 \\ 0 & 0 & 0 & 0 & 0 & 1.46 \end{bmatrix} \quad (5-21)$$

将式（5-20）、式（5-21）代入式（5-16）中，利用 MATLAB 进行矩阵求解，得到正交并联六维力传感器前 6 阶固有频率理论数值，将前 6 阶理论固有频率的理论数值与仿真数值列于表 5-2 中。

表 5-2　前 6 阶固有频率理论与仿真数值表

阶数	固有频率/Hz		振型特征
	理论值	仿真值	
1	1 262.26	1 180.3	沿 x 轴平移
2	1 262.26	1 181.1	沿 y 轴平移
3	1 693.12	1 421.8	绕 z 轴旋转
4	1 812.12	1 780.8	绕 x 轴旋转
5	1 812.12	1 781.0	绕 y 轴旋转
6	1 850.60	2 064.5	沿 z 轴平移

5.4　动态特性实验

动态特性实验是从实际角度出发，去探究六维力传感器动态性能参数的一种途径，是传感器被应用到实际环境前的必要过程。一方面动态特性实验可以验证建模理论的正确性，另一方面可以为建模理论的修正完善和六维力传感器的结构优化提供实际参考。

5.4.1　动态特性实验设备

本章利用脉冲响应法对正交并联六维力传感器进行动态特性实验研究，采用的实验设备为江苏泰斯特电子设备制造有限公司生产的 TST5912 动态信号测试分析系统，以下简称"TST5912"。

TST5912 动态信号测试分析系统采用手提式全屏蔽机箱，具有较高便捷性、抗干扰能力强的特点；传输接口采用 USB Type – A 接口类型，广泛性强；集光纤配线单元（ODU）的采用保证了数据传输的可靠性；配套的分析软件拥有模态分析、数字滤波器等功能，使用户方便地对信号进行处理与操作，如图 5 – 9 所示。

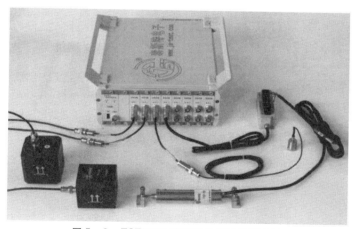

图 5 – 9　TST5912 动态信号测试分析系统

TST5912 为通用型测试分析系统，适用范围广，可完成应力应变，力，扭矩，压力，振动（加速度、速度、位移），脉冲，声学，温度（各种类型热电偶、铂电阻），流量，电压，电流等各种物理量的测试和分析。

5.4.2　实验设备连接

动态特性实验所需的设备有：TST5912 一台、IPEP 加速度型传感器一个、IEPE 信号线一根、Q9 转接线一根、电源线一根、USB 数据线一根、计算机一台。连接流程如下：

（1）TST5912 连接电源，如图 5 - 10 所示。

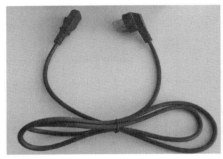

图 5 - 10　电源连接

（2）将计算机与 TST5912 用 USB 数据线连接，如图 5 - 11 所示。

图 5 - 11　USB 数据连接

（3）连接 IEPE 加速度型传感器，如图 5 - 12 所示。

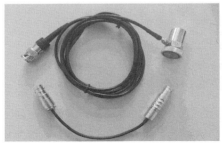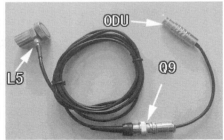

图 5 - 12　IEPE 加速度型传感器连接

（4）将传感器连接到 TST5912，设备连接完毕之后打开仪器电源，如图 5 - 13 所示。

图 5 - 13　IEPE 加速度型传感器与系统连接图

（5）安装软件及驱动，如图 5 - 14 所示。

图 5 - 14　驱动及软件

完成上述步骤，即可完成六维力传感器动态特性实验系统的搭建，如图 5 - 15 示。

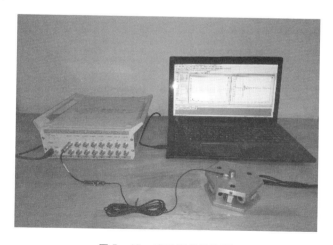

图 5 - 15　实验设备连接图

5. 4. 3　动态特性实验

1. 实验注意事项

实验中需要注意某些事项，这些事项不仅影响着实验的严谨性，同时也影响着实验数据的可靠性。本次实验中需要注意的事项主要有以下两点。

（1）IEPE 型加速度传感器布置注意事项。

IEPE 型加速度传感器布置位置应避开六维力传感器的振型节点与节线位置，并最好布置于振动幅度相对较大的位置，这样便于 IEPE 型加速度传感器测量六维力传感器的输出响应信号。根据上一章有限元分析产生的各方向模态振型，进行各方向实验时 IEPE 型加速度传感器布置点位置如图 5 – 16 ~ 图 5 – 21 中箭头所示。

图 5 – 16　F_x 方向传感器布置点

图 5 – 17　F_y 方向传感器布置点

图 5 – 18　F_z 方向传感器布置点

图 5 – 19　M_x 方向传感器布置点

图 5 - 20　M_y 方向传感器布置点　　　　图 5 - 21　M_z 方向传感器布置点

（2）各方向敲击位置注意事项。

六维力传感器虽然可以同时测量关于 x，y，z 坐标轴的力分量信息与力矩分量信息，但在这 6 个方向上，由于各方向的结构不同和敏感元件的布置方式不同，因此六维力传感器各方向的动态特性（固有频率、频率响应、振型等）是不同的，因此需要对每个方向单独施加脉冲信号。如图 5 - 22 所示，图中箭头所示位置是本次动态特性实验针对六维力传感器各方向所选取的施力点位置。当对某一方向施加脉冲信号时，由于施力点和敲击力度不可能做到完全一致，所以针对每个方向的施力点，施加 5 次适当大小的脉冲信号，以减小实验中的随机误差。

图 5 - 22　各方向施力示意图

方向 1：沿 x 轴方向对测力平台施加脉冲信号，使测力平台的振型为沿 x 轴的平移；

方向 2：沿 y 轴方向对测力平台施加脉冲信号，使测力平台的振型为沿 y 轴的平移；

方向 3：沿 z 轴方向对测力平台施加脉冲信号，使测力平台的振型为沿 z

轴的平移；

方向 4：脉冲锤敲击箭头 4 位置，使测力平台受沿 x 轴转动的力矩作用，使测力平台的振型为沿 x 轴的转动；

方向 5：脉冲锤敲击箭头 5 位置，使测力平台受沿 y 轴转动的力矩作用，使测力平台的振型为沿 y 轴的转动；

方向 6：脉冲锤敲击箭头 6 位置，使测力平台受沿 z 轴转动的力矩作用，使测力平台的振型为沿 z 轴的转动。

2. 时域信号采集

打开软件，设置有关实验参数：采样频率为 256 kHz；分析频率为 100 kHz；采样模式为连续采集。

单击开始采样，利用脉冲锤对六维力传感器测力平台各方向施加大小合适的脉冲信号，每个方向各进行 5 次敲击实验，软件数据采集界面同步显示 IPEP 加速度型传感器反馈回来的时域响应信号，如图 5-23 所示。

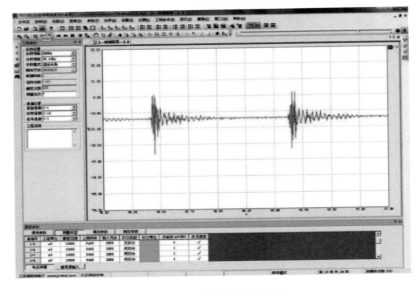

图 5-23　时域波形显示界面

3. 实验结果处理

在得到脉冲激励下六维力传感器各方向的时域响应曲线后，为了分析曲线所包含的频率信息，我们需要在计算机上利用快速傅里叶变换（FFT）得到各方向的频率响应曲线。

　　频率响应曲线反映了六维力传感器以不同频率振动时，振动幅值的变化情况。利用"共振"现象，当六维力传感器某方向受到的外部激励频率与该方向固有频率相近时，该频率下的振动幅值便会明显加大。

　　根据采样定理，分析频率取 100 kHz，为采样频率的 1/2.56 倍，图 5 – 24 ~ 图 5 – 29 所示为六维力传感器各方向的频率响应曲线。各频响曲线峰值点的横坐标值便为该方向下六维力传感器的固有频率值，将前 6 阶理论固有频率的理论值、仿真值与实验值列于表 5 – 3 中，实验结果为 5 次实验的平均值。

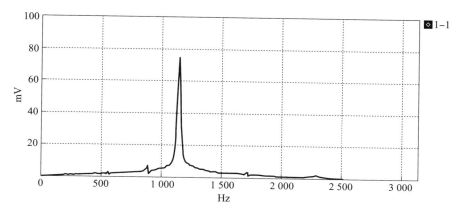

图 5 – 24　F_x 方向频率响应曲线

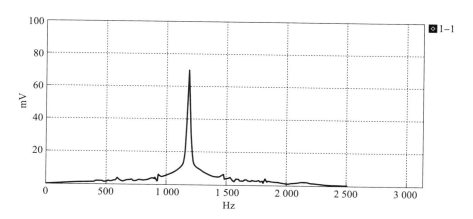

图 5 – 25　F_y 方向频率响应曲线

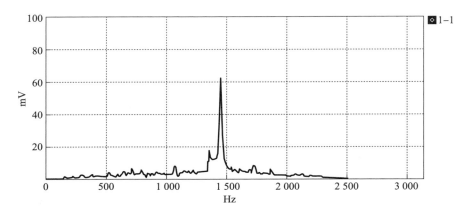

图 5 – 26　M_z 方向频率响应曲线

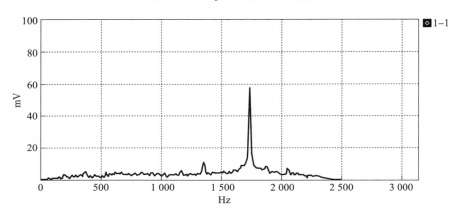

图 5 – 27　M_x 方向频率响应曲线

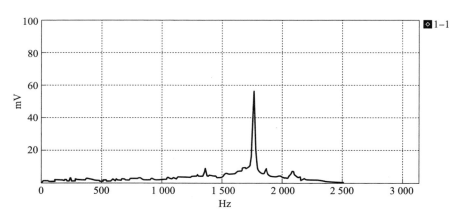

图 5 – 28　M_y 方向频率响应曲线

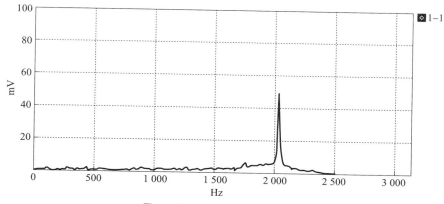

图 5 - 29　F_z 方向频率响应曲线

表 5 - 3　前 6 阶固有频率

阶数	固有频率/Hz			振型特征
	理论值	仿真值	实验值	
1	1 262. 26	1 180. 32	1 156. 25	沿 x 轴平移
2	1 262. 26	1 181. 16	1 187. 75	沿 y 轴平移
3	1 693. 12	1 421. 85	1 450. 25	绕 z 轴旋转
4	1 812. 12	1 780. 81	1 729. 16	绕 x 轴旋转
5	1 812. 12	1 781. 03	1 762. 50	绕 y 轴旋转
6	1 850. 60	2 064. 56	2 016. 67	沿 z 轴平移

|5.5　本章小结|

本章对正交并联六维力传感器进行了动态特性分析与实验研究，主要内容包括：

（1）正交并联六维力传感器动力学分析。将单自由度系统、多自由度系统振动学理论与螺旋理论结合，建立正交并联六维力传感器动力学模型，推导并求解运动微分方程，并进行数值算例与有限元模态分析，得到了六维力传感器各方向固有频率的理论数值与仿真数值。

（2）正交并联六维力传感器动态特性实验。采用脉冲响应法对六维力传感器进行了动态特性实验，得到了六维力传感器各方向固有频率的实验数值与频率响应曲线，实验结果表明，六维力传感器前六阶固有频率的理论数值和实验数值相近，二者具有相同的增长趋势，同时可看出传感器结构在 x、y 方向上具有对称性，从而验证了传感器动态特性理论分析的正确性。

第 6 章

正交并联六维力传感器解耦研究

解耦就是要最大程度减小或消除耦合干扰。正交并联六维力/力矩传感器的解耦是通过数学的方法用尽可能小的误差唯一地确定出传感器的输入与输出的关系[122~125]。根据上一章所得到的标定矩阵从而进行更进一步解耦，包含静态解耦和动态解耦两个部分。

6.1　正交并联六维力传感器耦合情况分析

创建几何生成器，启动 Maxwell 3D 软件进入如图 6 - 1 所示的电磁分析环境。

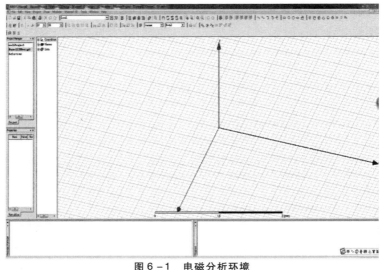

图 6 - 1　电磁分析环境

　　将传感器模型导入软件中，此时传感器的模型文件已经成功地在Maxwell软件中显示，如图 6 - 2 所示。

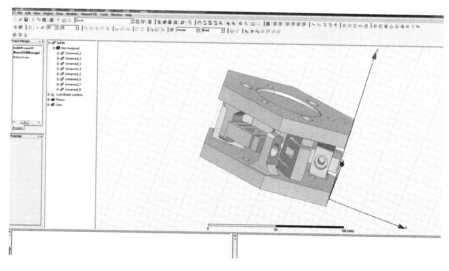

图 6 - 2　读取的模型

　　材料赋予属性。在如图 6 - 3 所示的 "Select Definition" 对话框中选择 "Aluminum" 材料。此时的模型树中 "Unnamed_2" 的上一级菜单由 "Not Assigned" 变成 "Aluminum"。

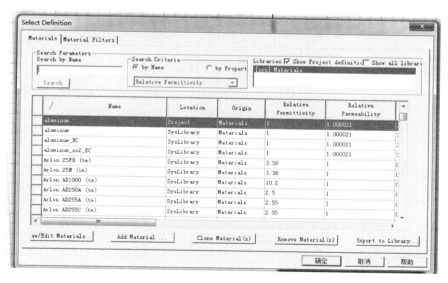

图 6 - 3　材料库

同样，将"Unnamed_1"模型设置为"steel_stainless"，如图6-4所示。

选中"Unnamed_2"几何模型，使其处于加亮状态，将创建好的截面进行分离，并删除其中一个截面，此时可以看见几何体上面只剩下一个截面在 y 轴的负半轴上。

对刚才所创建的截面施加电流载荷。在弹出的对话框中做出如下设置：

在"Value"栏中输入电流大小为"5 000 A"；

在"Type"一栏中选择"Stranded"选项并且单击确定按钮。

选择"Unnamed_1"几何体使其处于加亮状态，在弹出的对话框中设置如下：

在"Maximum Length of Elements"栏中输入"20"，其余保持默认状态即可。

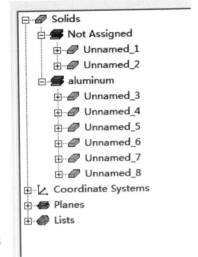

图6-4　设置材料

选择"Solver"选项卡，然后在"Adaptive Frequency"一栏中输入 50 Hz，剩下的保持默认值即可，最后单击"确定"按钮。

然后对传感器的模型进行网格设置。图6-5所示为划分完成之后的网格模型。

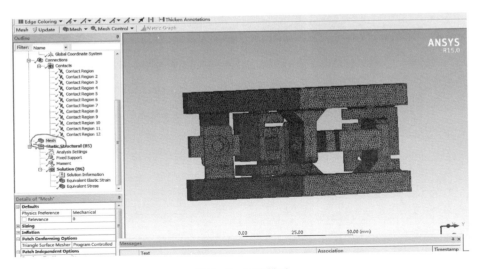

图6-5　网格模型

进行模型检查。单击工作栏上的√按钮出现如图 6 - 6 所示的模型检查对话框，对号说明前面基本操作步骤均没有问题。

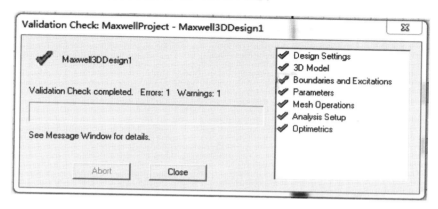

图 6 - 6 模型检查

最后进行求解计算。单击鼠标右键"Project Manager"，在弹出的快捷菜单中选择"Analyze"进行求解计算即可，应力图如图 6 - 7 所示，应变图如图 6 - 8 所示。

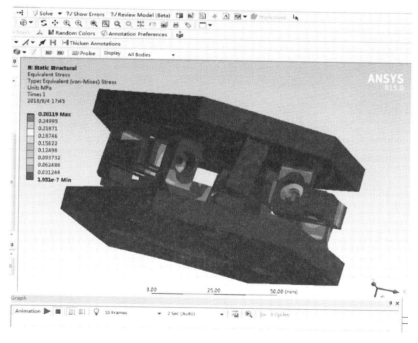

图 6 - 7 应力图

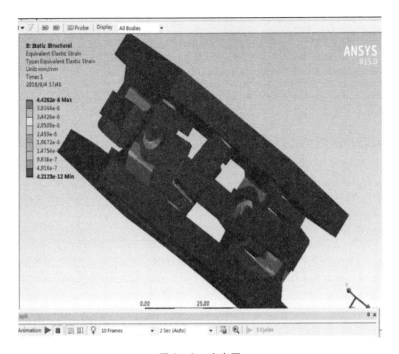

图 6-8　应变图

由以上分析可知，此传感器存在一定应力耦合情况，因此需要对其进行解耦性能分析。

6.2　正交并联六维力传感器的静态解耦

多维力传感器系统（$n = 2，3\cdots$）如图 6-9 所示：

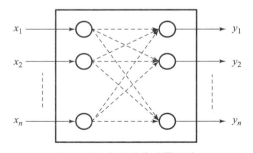

图 6-9　多维力传感器系统

通道 $x_i \leftrightarrow y_i (i = 1, 2, \cdots, n)$ 代表上述传感器的第 i 维主通道；

通道 $x_i \leftrightarrow y_i (i \neq j; i, j = 1, 2, \cdots, n)$ 代表多维力传感器的第 i 维与第 j 维的耦合通道；

对于主通道 i 来说，其输出为

$$y_i = c_{i1} x_1 + c_{i2} x_2 + \cdots + c_{ij} x_j + \cdots + c_{in} x_n \tag{6-1}$$

式中，$c_{ij} (i = j)$ 为主通道的灵敏系数；$c_{ij} (i \neq j)$ 是 j 通道对 i 通道的耦合系数。对于六维力传感器（$n = 6$），其输入为

$$\boldsymbol{F} = [fF_x, fF_y, fF_z, fM_x, fM_y, fM_z]^{\mathrm{T}} \tag{6-2}$$

输出为

$$\boldsymbol{D} = [dF_x, dF_y, dF_z, dM_x, dM_y, dM_z]^{\mathrm{T}} \tag{6-3}$$

以矩阵形式表示为

$$\begin{bmatrix} dF_x \\ dF_y \\ dF_z \\ dM_x \\ dM_y \\ dM_z \end{bmatrix} = \begin{bmatrix} c_{11} & c_{12} & c_{13} & c_{14} & c_{15} & c_{16} \\ c_{21} & c_{22} & c_{23} & c_{24} & c_{25} & c_{26} \\ c_{31} & c_{32} & c_{33} & c_{34} & c_{35} & c_{36} \\ c_{41} & c_{42} & c_{43} & c_{44} & c_{45} & c_{46} \\ c_{51} & c_{52} & c_{53} & c_{54} & c_{55} & c_{56} \\ c_{61} & c_{62} & c_{63} & c_{64} & c_{65} & c_{66} \end{bmatrix} \begin{bmatrix} fF_x \\ fF_y \\ fF_z \\ fM_x \\ fM_y \\ fM_z \end{bmatrix} \tag{6-4}$$

简记为

$$\boldsymbol{D} = \boldsymbol{C} \cdot \boldsymbol{F} \tag{6-5}$$

在式（6-5）中 $\boldsymbol{C}$ 是多维力传感器的耦合系数矩阵，即校准矩阵：

$$\boldsymbol{C} = \begin{bmatrix} c_{11} & c_{12} & c_{13} & c_{14} & c_{15} & c_{16} \\ c_{21} & c_{22} & c_{23} & c_{24} & c_{25} & c_{26} \\ c_{31} & c_{32} & c_{33} & c_{34} & c_{35} & c_{36} \\ c_{41} & c_{42} & c_{43} & c_{44} & c_{45} & c_{46} \\ c_{51} & c_{52} & c_{53} & c_{54} & c_{55} & c_{56} \\ c_{61} & c_{62} & c_{63} & c_{64} & c_{65} & c_{66} \end{bmatrix} \tag{6-6}$$

多维力传感器由于结构和加工工艺上的误差，当 $c_{ij} \neq 0 (i \neq j)$ 时，它还包括其他通道对其的影响，输出不能完全满足线性要求，必须进行解耦处理。最后，计算耦合率，并比较和分析了新方法与传统方法之间的耦合率。

测量传感器的维间耦合性能的重要参数是静态耦合率。静态耦合率即当将单维力/力矩 A 施加到多维力传感器时，由于 A 的耦合，B 通道的输出不为零，因此 B 受到 A 耦合的静态耦合率可以表示为

$$CT_{B \, of \, A} = \frac{|A \, 满量程时 \, B \, 的输出|}{|B \, 满量程输出|} \qquad (6-7)$$

|6.3 基于最小平方法传感器静态解耦|

如果我们假设六维力传感器的工作条件是线性系统，那么我们对传感器的每个方向使用校准测试来计算校准矩阵。此时，传感器输入和输出之间的关系可表示为

$$a = c * r \qquad (6-8)$$

式中，a 表示传感器的输入矩阵；r 表示输出矩阵；c 表示校准矩阵。

把传感器所受六个不同方向的力用矩阵的形式写为 $a = [F_x \quad F_y \quad F_z \quad M_x \quad M_y \quad M_z]^T$，在实验校准时把一定载荷分别施加到传感器的每个方向上。由式（6-8）可得到校准矩阵：

$$c = a * r^{-1} \qquad (6-9)$$

此种方法计算比较简洁、方便。然而，因为在六维力传感器的每个通道中存在随机误差，所以校准的准确度未达到预期值。因此，为了降低随机误差的影响，可以使用最小平方法，对于上述情况，校准矩阵用此方法可表示为

$$c = a(r^T r)^{-1} r^T \qquad (6-10)$$

上述推导过程考虑了六维力传感器系统中耦合的影响，因此通过式（6-10）计算后的测量结果比之前更准确，从而完成了解耦过程。

最小平方支持向量回归解耦合方法对误差的忍耐度较好并且保持了其广泛化的能力，但是此方法对样本容量有一定的局限性，样本数量多的情况下它的解耦速度将会受到很严重的影响。六维力/力矩传感器使用最小平方法静态解耦来解耦。虽然可以很直接地在 MATLAB 中应用其中的最简单的命令来求解且易于理解、思路简单清晰、算法也容易获取，故而最小平方法可以使拟合的精度达到很高。但是此方法也有一定的缺陷，当数据样本采集的数量增多时，求解结果的误差中随机误差所占的比例也在随着增大，而最小平方法对于随机误差的忍耐度较小。增加采集的样本数量将对校准矩阵的解决方案产生严重影响。

┃6.4 基于独立成分分析（ICA）传感器静态解耦┃

基于独立成分分析（ICA）的静态解耦是以上述校准实验数据为基础来执行的。解耦程序 FastICA 是基于 MATLAB 平台设计的。采用 MATLAB 语言编写 FastICA 算法功能模块，并成功应用于解耦。

6.4.1 独立成分分析定义及数学模型

独立成分分析（Independent Component Analysis，ICA）是一种计算方法和统计技术[126~128]。我们假设这些内在变量是非高斯的并且彼此独立，我们将它们称为观察数据的独立分量，这些独立成分能够经过 ICA 方法找到[129~131]。

本节主要介绍了独立成分分析（ICA）理论，并阐述了 ICA 在不同条件下的仿真，证明了 ICA 有利于多维传感器的解耦。

鸡尾酒问题：假设在房间中，有 $m(m>1)$ 个人在同时讲话，还有 $n(n\geqslant m)$ 个麦克风，摆放在不同的位置进行记录。n 个时间信号用 $x_n(t)$ 表示，信号幅值用 x_n 表示以及时间变量用 t 表示。

上述情况可用如下方程表示：

$$x_1(t) = a_{11}s_1(t) + a_{12}s_2(t) + \cdots + a_{1m}s_m(t)$$
$$x_2(t) = a_{21}s_1(t) + a_{22}s_2(t) + \cdots + a_{2m}s_m(t)$$
$$\vdots$$
$$x_n(t) = a_{n1}s_1(t) + a_{n2}s_2(t) + \cdots + a_{nm}s_m(t)$$

$$(6-11)$$

式中，$a_{ij}(i=1,\cdots,n,j=1,\cdots,m)$ 是由麦克风和扬声器之间的距离决定的参数。$x_n(t)$ 用列向量 X 表示，$s_m(t)$ 用列向量 S 表示，矩阵 A 表示系数，上述方程写成矩阵形式为

$$X = AS \qquad (6-12)$$

ICA 问题是：根据随机观察数据 X、估计混合矩阵 A 和源信号 S。在估算混合矩阵 A 之后，计算混合矩阵的逆即分离矩阵 $W = A^{-1}$，以便可以获得独立分量 S 的估计值为

$$S = WX \qquad (6-13)$$

独立成分分析（ICA）过程实际上是建立目标函数来进行优化从而达到近似的目的。ICA 的数学模型如图 6-10 所示。ICA 的向量矩阵模型为

$$X = AS$$

式中，$X = \{x_1, x_2, \cdots, x_n\}$，$S = \{s_1, s_2, \cdots, s_n\}$ 分别为观测信号和源信号，$A = \{a_{ij}, i, j = 1, 2, \cdots, n\}$ 为混合矩阵。

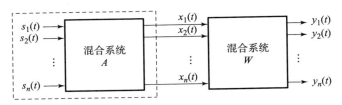

图 6-10　ICA 的数学模型

　　未知的源信号以及混合矩阵用图 6-10 中的虚线来表示，ICA 的出发点就是假设源信号 s，彼此相互独立，通过建立以独立性为基础的目标函数，建立分离矩阵 W 和混合矩阵 A，由此估算出源信号为 $y = Wx = WAS = GS$，当 $G = I$ 时就实现了对源信号的完全估计。

　　ICA 算法包括三个主要的方面：中心化、白化和独立成分分解。中心化是 ICA 简化的第一步，白化是第二步。经过处理的信号 x 满足 $\mathrm{cov}(x) = I$，$E(xx^\mathrm{T}) = I$，称为白化信号。假设 x 为观测信号，白化矩阵为：$Q = ED^{-1/2}E^\mathrm{T}$，式中 $D^{-1/2} = \mathrm{diag}(d_1^{-1/2}, \cdots, d_n^{-1/2})$。对观测信号进行白化处理 $\bar{x} = Q \cdot x = Q \cdot AS = \bar{A}S$。

　　ICA 中独立成分分析的估算方法包括两个方面：建立目标函数（优化准则）和优化算法。目标函数可以选择峭度、熵、互信息和这些定义的变体。优化方法包括最大似然估计、快速 ICA 算法等。在定义了目标函数的基础上，ICA 可以表述为：首先，利用信息论等方法创建以分离矩阵 W 为变量的目标函数 $J(W)$，当 $J(W)$ 取得极值时的 W 即为所求。其次是寻找一种有效的算法求解 W。

　　概率论中的一个定理称为中心极限定理（Central Limit Theorem），它讨论了随机变量序列的部分和在正态分布中的分布，是数理统计和误差分析的理论基础。

　　定理：设随机变量序列 $x_1, x_2, \cdots, x_n$ 彼此独立并且遵循相同的分布，$E\{x_k\} = u$，$D\{x_k\} = \sigma^2 \neq 0$，$k = 1, 2, \cdots$，则随机变量的分布函数 $F_n(x)$ 满足

$$y_n = \frac{\sum\limits_{k=1}^{n} x_k - n\mu}{\sqrt{n}\sigma} \tag{6-14}$$

$$\lim_{n\to\infty}F_n(x) = \lim_{n\to\infty}P(y_n \leqslant x) = \int_{-\infty}^{x}\frac{1}{\sqrt{2\pi}}e^{-\frac{t^2}{2}}dt \qquad (6-15)$$

由上面的公式可以看出，当 n 趋向于 ∞ 时，随机变量 $y_n \to$ 标准正态分布 $N(0,1)$。因此，当 n 足够大时，具有相同分布的 n 个独立随机变量 x_1，x_2，$\cdots$，x_n 的总和 $S_n = \sum_{k=1}^{n}x_k$ 几乎遵循正态分布 $N(n\mu, n\sigma^2)$。

6.4.2　独立成分分析 FastICA 算法

通常，独立成分分析（ICA）算法的选择基本上在自适应算法和批处理算法之间。在自适应性的情况下，该算法通常通过随机梯度法获得。以定点迭代为基础的 FastICA 算法是一种非常有作用的批量处理算法，可用于最大化多维目标函数[132~135]。

FastICA 算法，也称为固定点（Fixed-Point）算法，这种算法采用批处理方法。基于负熵的目标函数极大化 $x = As$ 的负熵，本章选择了研究者最常用的不动点算法，制造方法的特点是收敛速度快并且鲁棒性非常好。

在 ICA 模型的解决方案中，数据预处理是必要的。以下 FastICA 算法的输入数据是在离散小波变换的二阶分解之后重建的图像，并且平均值和 PCA 维数减少之后的数据已经变白[136~138]。

（1）去平均值（有时称为数据居中）是输入数据最基本的预处理步骤。

（2）白化过程能够清除信号之间的相关，并且可以使后续独立分量的提取过程简化。在正常情况下，白化过程的数据，ICA 算法的收敛性更好。还可以说白化解决了 ICA 问题的一半，并且是解决 ICA 问题必不可少的预处理步骤。

（3）主成分分析（Principal Component Analysis）是一种常用的线性模型。

（4）估计方法。FastICA 实际上是用于寻找 $w^T x$ 的非高斯性最大值的定点迭代方案。

6.4.3　基于独立成分分析（ICA）的解耦

在对获得的实验数据进行独立成分分析之前，我们需要预处理实验数据，如中心化和白化，从而使数据先进行一次简单的预处理。然后将预处理的实验数据进行分析，如图 6-11 所示。

ICA 的向量矩阵模型为 $x = As$。其中 $x = \{x_1, x_2, \cdots, x_n\}$，$s = \{s_1, s_2,$

$\cdots$，s_n $\}$ 分别是观测信号和源信号，$A = \{a_{ij}, i, j = 1, 2, \cdots, n\}$ 是混合矩阵。

一般说来，ICA 算法的选择基本上是在自适应算法和批处理算法之间。在自适应性的情况下，该算法通常通过随机梯度法获得，在这种情况下，所有独立分量都被同时估计。在批处理的情况下，有许多有效的算法。

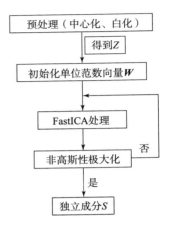

图 6 - 11　ICA 解耦流程图

对于多个分量的估计，按如下步骤操作：

（1）对观测数据 X 进行中心化，使其均值为 0。

（2）对数据进行白化：$X \rightarrow Z$。

（3）选择需要估计的分量个数 m 并且设置迭代次数 $p \leftarrow 1$。

（4）选择一个初始权矢量（随机的）W_p。

（5）令 $W_p = E\{Zg(W_p^T Z)\} - E\{g'(W_p^T Z)\}W$，非线性函数 g 的选择可以运用如下几种：

$$g(u) = \tanh(au), \ 1 \leq a \leq 2; \ g(u) = u * \exp(-bu^2/2), \ b \approx 1; \ g(u) = u^3_\circ$$

（6）$W_p = W_p - \sum_{j=1}^{p-1}(W_p^T W_j)W_j$。

（7）令 $W_j = W_p / \|W_p\|$。

（8）假如 W_p 不收敛的话，返回第（5）步。

（9）令 $p = p + 1$，如果 $p \leq m$，返回第（4）步。

FastICA 算法和其他的 ICA 算法相比：

（1）收敛所需要的时间短。

（2）可以使用任何非线性函数 g 直接找到任何非高斯分布的任何独立分量。

（3）通过选择合适的非线性函数 g 可以优化其性能。

（4）可以逐个估计独立分量，类似于进行投影跟踪，如果只需要估计几个独立分量，则可以减少计算量。

（5）FastICA 算法有许多神经算法的优点：并行以及分布式计算，简单计算，内存需求较低。

6.4.4　结果对比分析

静态耦合率的定义是在没有力或力矩时测量的力或力矩的绝对值除以力可

以施加的力和力矩的量程值。运用最小平方线性解耦的耦合率为：y 与 x 方向，M_x、M_y 与 x、y 方向的耦合都很小，只有 0.4%，而 z 与 x、y 方向的耦合率约为 0.89%，M_z 与其他各方向的耦合率几乎为 0。对于以独立成分分析为基础的解耦结果，传感器在所有方向上的耦合率比计算的要小，约为 0.01%。结果证明，以 ICA 为基础的解耦方法与最小平方法相比提升了解耦效果从而提高了传感器的测量精度。

6.5　正交并联六维力传感器动态解耦

在许多情况下，传感器需要快速准确地响应测量数据的变化。因此，为了达到这个目标必须对传感器进行动态解耦研究。

6.5.1　基于对角优势矩阵的传感器动态解耦

1972 年，Hawkins 首先提出了一种运用对角优势矩阵的解耦方法，传感器补偿系统的传递函数是对角优势矩阵，以实现系统的近似解耦[139~141]。

设并联六维力传感器的传递函数是 $G(S)$，传递函数后面的定常解耦补偿网络为 K_p，并联六维力传感器的传递函数用 $Q(S) = K_p \times G(S)$ 表示，上述方法的基本思想是使得 $Q(S)$ 的每一行的非对角元的模之和都小于这一行的对角元的模，从而实现矩阵的对角优势化。

下面用 MATLAB 对并联六维力传感器解耦进行仿真。

为了验证以对角优势矩阵为基础的并联六维力传感器动态解耦的准确性，以此正交并联六维力传感器作为例子进行仿真分析，传感器的传递函数模型为

$$G_{11}(s) = \frac{500s + 9 \times 10^6}{s^2 + 450s + 225 \times 10^4} \tag{6-16}$$

$$G_{21}(s) = \frac{240s + 6\,400}{s^2 + 448s + 64 \times 10^4} \tag{6-17}$$

$$G_{12}(s) = \frac{300s + 36 \times 10^4}{s^2 + 360s + 360 \times 10^4} \tag{6-18}$$

$$G_{22}(s) = \frac{450s + 4 \times 10^6}{s^2 + 400s + 10^4} \tag{6-19}$$

$$G_{32}(s) = \frac{200s + 25 \times 10^4}{s^2 + 400s + 25 \times 10^4} \tag{6-20}$$

$$\vdots$$

对于上述等式的传统函数模型，其解耦网络结构非常复杂，因此采用对角线优势补偿方法进行系统动态解耦研究。

运用 MATLAB 的 SIMULINK 仿真功能，搭建一个并联六维力传感器系统仿真图。在获得并联六维力传感器的系统仿真图后，将单位阶跃输入信号分别加载到通道 1、2 和 3 上，并获得并联六维力传感器的相应输出信号。

在并联六维力传感器的通道 1 上施加上述信号之后得到的输出信号如图 6 - 12 所示，由于并联六维力传感器受维间耦合的影响，主通道 1 的输出和输入完全不一样。因此，并联六维力传感器的输出进行对角优势矩阵解耦并且获得其输出信号，如图 6 - 13 所示。在解耦之后，并联六维力传感器的输出在很大程度上发生了改变，并且在轻微振荡之后主通道 1 上的输出稍微稳定在约 2.2 V。同时，其他通道的输出显著降低，由此可得对角优势矩阵解耦之后效果较好。

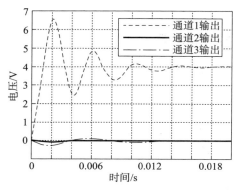

图 6 - 12　通道 1 的输出

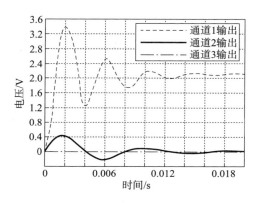

图 6 - 13　通道 1 对角优势矩阵后的输出

在并联六维力传感器的通道 2 上施加上述信号之后得到输出信号如图 6 - 14 所示。主通道 2 的输出和输入相比差别很大，因此，对并联六维力传感器的输出进行对角优势矩阵解耦，图 6 - 15 所示为获得传感器的输出。在解耦之后，并联六维力传感器的输出明显更好，并且在轻微振荡之后主通道 2 上的输出稍微稳定在约 2.4 V。同时，其他通道的输出显著降低，表明解耦效果良好。

在并联六维力传感器的通道 3 上施加上述信号之后获得传感器的输出，如图 6 - 16 所示。主通道 3 的输出和输入相比完全不同。因此，并联六维力传感器的输出进行对角优势矩阵解耦，如图 6 - 17 所示获得传感器的输出。在解耦之后，传感器的输出明显改善，并且在轻微振荡之后主通道 3 上的输出稳定在约 2.1 V。同时，其他通道的输出显著降低，表明解耦效果很好。

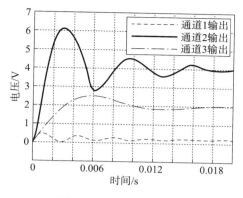

图 6 - 14　通道 2 的输出

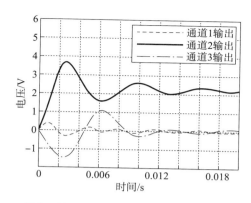

图 6 - 15　通道 2 对角优势矩阵后的输出

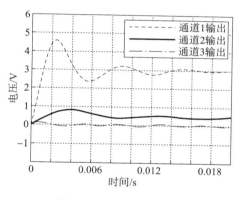

图 6 - 16　通道 3 的输出

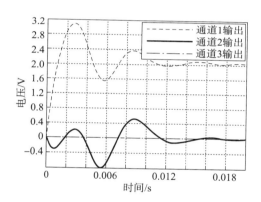

图 6 - 17　通道 3 对角优势矩阵后的输出

从上述分析结果可以看出，通过对角优势补偿解耦后的输出信号在某种程度上是稳定的，它最后基本上稳定在约 2. 2 V，但是系统没有完全解耦。

6.5.2　基于 ICA 的传感器动态解耦

在对获得的模拟数据进行独立成分分析之前，我们需要对数据进行简化处理（中心化和白化等）。然后将经过预处理的实验数据进行独立成分分析解耦。经过 ICA 解耦之后的波形图如图 6 - 18、图 6 - 19 和图 6 - 20 所示。

根据图 6 - 18、图 6 - 19 和图 6 - 20，在 ICA 接近理想输入之后可以得到传感器主通道的单位阶跃信号。其他通道的输出几乎等于零，表明传感器的维间耦合大大降低，实现了预期目标。

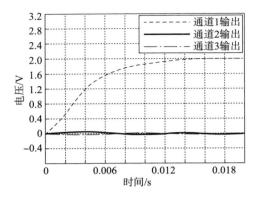

图 6 – 18　通道 1 ICA 解耦后的输出

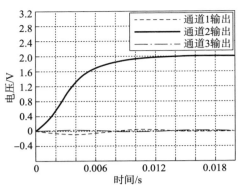

图 6 – 19　通道 2 ICA 解耦后的输出

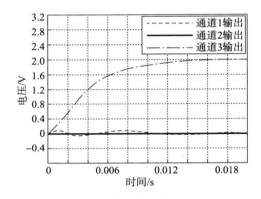

图 6 – 20　通道 3 ICA 解耦后的输出

|6.6　本章小结|

　　本章以正交并联六维力传感器为例，根据前期得到的标定矩阵对并联六维力传感器进行解耦性能研究。独立成分分析（ICA）与对角优势矩阵对传感器进行动态解耦，独立成分分析（ICA）方法解耦之后传感器的输出信号趋于平稳地时间缩短，因此，实验结果证明了前期研究中理论分析的准确性和实验设计的合理性，为并联六维力传感器在工程的实际应用奠定了一定基础。

第 7 章

正交并联六维力传感器应用研究

本章提出一种基于正交并联六维力传感器的机器人力反馈示教技术。以六维力传感器与 IRB2600 机器人相结合为例，通过力传感器感知示教者的施力信息，实时反馈到机器人控制系统，与力参考值做对比，在适合范围内由力控制算法转换成机器人末端执行机构的位姿参数，导入到可识别的机器人编程语言中，使机器人能够实现更加智能化的主动柔顺运动，完成力觉示教。

|7.1 机器人运动学分析|

机器人运动学是相对独立的数学模型，本次研究的目的是将六维力传感器与机器人相结合，通过力传感器的感知力觉特性，实现人机交互式的示教方法。根据自身特性，六维力传感器可以检测到任意空间内的三维力/力矩信息，该信息作为反馈指令，进一步引导机器人的运动轨迹（包括末端执行机构的位姿、速度、加速度和各关节的驱动角速度），这就需要新的数学模型，以力传感器感知的位姿参数，确定机器人实际的位姿参数，从而逆解得到各连杆的位姿关系以及速度、加速度等参数，最终完成力觉示教的牵引轨迹。

7.1.1 机器人位置与姿态描述

由数学模型支撑的机器人运动学主要用于分析机器人各连杆的位置关系和各关节的转角变量，通过一系列的方程变换求解得到机器人的运动学运动参数[142-143]。如图 7-1 所示，主要包括以下两方面的分析：正向运动学求解和

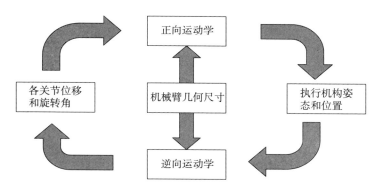

图 7 - 1　机器人正逆学关系

逆向运动学求解。

（1）从机器人本体到操作空间的求解过程，一般称为正向运动学：由机器人各连杆的几何尺寸和各关节的转角变量作为已知量，构建与机械手末端位姿变量的数学关系式，必要的运动学数学坐标系方程是为了更加直观地呈现机器人末端手臂运动轨迹的位置和姿态信息，正运动学方程可以得到唯一解，每一次的转角变量都能确定唯一的末端位置和姿态变量，持续转动变量最终形成一条完整的运动轨迹，这就是机器人基于正运动学的工作原理。

（2）从操作空间到各关节的变换过程，一般称为逆向运动学：逆向运动学顾名思义，是把各连杆几何尺寸和末端工具位姿参数作为已知变量，通过建立数学方程式，求解各关节的旋转变量，逆运动学往往有多解并存的现象，这是因为不同的旋转变量可以满足同一条轨迹变量，因此机器人运动学需要进行轴配置，以确定最优旋转变量，快捷精准地完成轨迹规划。

描述机器人位置，首先建立机器人空间直角坐标系，机械臂末端在空间任意位置都能用 3×1 的位置矢量式来表达，假设空间中的一点用位置矢量 P 来表示，其公式表达如式（7 - 1）所示，P_x，P_y，P_z 是该点位置 x，y，z 三个方向的分量。

$$P = \begin{bmatrix} P_x \\ P_y \\ P_z \end{bmatrix} \tag{7 - 1}$$

机器人位置和姿态相辅相成，共同表达机器人所在工作空间的状态，通过直角坐标系确定 P 点位置后，还需要确定执行工具所处 P 点位置时的姿态，由于机器人是一个连杆机构，故需要数学方程求解各关节的位置和姿态信息，最终实现机器人运动。求解各关节位姿参数需要与固定基坐标系确立相对关系。

图 7-2 所示为机器人活动坐标系 B 相对于固定坐标系 A 的变换示意图，三个方向的变换矩阵表示如下：

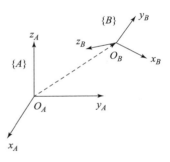

$$\boldsymbol{R} = \begin{bmatrix} {}^A\boldsymbol{x}_B & {}^A\boldsymbol{y}_B & {}^A\boldsymbol{z}_B \end{bmatrix} = \begin{bmatrix} r_{11} & r_{12} & r_{13} \\ r_{21} & r_{22} & r_{23} \\ r_{31} & r_{32} & r_{33} \end{bmatrix} \qquad (7-2)$$

机器人相对位姿关系可用矩阵 $\boldsymbol{R}$ 表示，A 是固定基坐标系，B 是与固定基坐标系相连的连杆坐

图 7-2 坐标系变换

标系，${}^A\boldsymbol{x}_B$、${}^A\boldsymbol{y}_B$、${}^A\boldsymbol{z}_B$ 三个矢量是两两相互垂直的关系，故满足以下约束条件：

$$\begin{aligned} {}^A\boldsymbol{x}_B \cdot {}^A\boldsymbol{x}_B = {}^A\boldsymbol{y}_B \cdot {}^A\boldsymbol{y}_B = {}^A\boldsymbol{z}_B \cdot {}^A\boldsymbol{z}_B = 1 \\ {}^A\boldsymbol{x}_B \cdot {}^A\boldsymbol{y}_B = {}^A\boldsymbol{y}_B \cdot {}^A\boldsymbol{z}_B = {}^A\boldsymbol{z}_B \cdot {}^A\boldsymbol{x}_B = 0 \end{aligned} \qquad (7-3)$$

机器人的工作状态需要位置 $\boldsymbol{P}$ 和姿态 $\boldsymbol{R}$ 共同约束，用当前执行工具状态坐标系 $\{B\}$ 来表示机器人运动轨迹的变化，即

$$\{B\} = \{\boldsymbol{R} \quad \boldsymbol{P}\} \qquad (7-4)$$

7.1.2 IRB2600 机器人运动学正解

IRB2600 机器人结构尺寸如图 7-3 所示。该机器人由 6 个连杆依次连接，根据控制范围不同可以分为两组（第一组 1~3 关节，第二组 4~6 关节），第一组关节的转动用来确定机器人末端位置，第二组关节的转动用于末端姿态的确定。

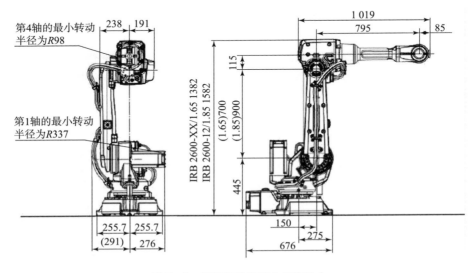

图 7-3 IRB2600 机器人结构尺寸

　　机器人运动学分析通常是以数学方程式的形式来描述运动轨迹的，创建机器人固定基座与相邻连杆以及连杆之间的数学关系式作为机器人运动学分析的理论基础，求解末端工具的位置和姿态信息，确定各连杆关节旋转角度，完成运动轨迹规划[144~147]。机器人的示教技术（如遥控、离线、虚拟示教）都以此为依据展开创新研究。由于 IRB2600 机器人自身转动副衔接的连杆开链式结构，故可以将其转化成简单的旋转副驱动模型，通过各连杆已知的参数关系建立矩阵方程，用来描述各单位的相对位置关系和方向矢量。若想要完成机器人的运动规划，必然得构建相邻连杆的数学模型。

　　利用 D - H 坐标参数法建立机器人坐标系如图 7 - 4 所示，$\{x_0, y_0, z_0\}$ 为基坐标系，相邻坐标系依次为 $\{x_1, y_1, z_1\}$、$\{x_2, y_2, z_2\}$、$\{x_3, y_3, z_3\}$、$\{x_4, y_4, z_4\}$、$\{x_5, y_5, z_5\}$、$\{x_6, y_6, z_6\}$，其他的机器人参数如连杆长度、扭角、关节角等如表 7 - 1 所示。

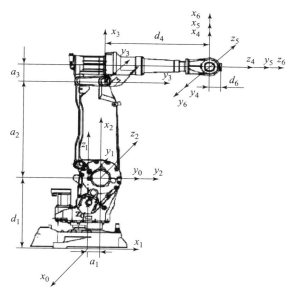

图 7 - 4　机器人关节坐标变换示意图

表 7 - 1　IRB2600 机器人连杆参数表

连杆 i	关节角 θ_i	扭转角 α_{i-1}	长度 a_{i-1}	偏移 d_i	范围
1	$\theta_1(0°)$	$0°$	0	$d_1(445)$	$+180° \sim -180°$
2	$\theta_2(-90°)$	$-90°$	$a_1(150)$	0	$+155° \sim -95°$
3	$\theta_3(0°)$	$0°$	$a_2(700)$	0	$+75° \sim -180°$
4	$\theta_4(0°)$	$-90°$	$a_3(115)$	$d_4(795)$	$+400° \sim -400°$
5	$\theta_5(0°)$	$90°$	0	0	$+120° \sim -120°$
6	$\theta_6(0°)$	$-90°$	0	0	$+400° \sim -400°$

D – H 坐标参数法是一个通用的算式，适用于多关节机构。假设机器人有 n 个关节，那么就需要构建 $n+1$ 个坐标系，D – H 参数法就是通过坐标系之间的位置关系来确定机器人末端工具的位姿信息，加以实际机器人的连杆固定参数，形成一个适用于机器人运动学分析的通式：

$$
{}_i^{i-1}T = \begin{bmatrix} \cos\theta_i & -\sin\theta_i & 0 & \alpha_{i-1} \\ \sin\theta_i\cos\alpha_{i-1} & \cos\theta_i\cos\alpha_{i-1} & -\sin\alpha_{i-1} & -d_i\sin\alpha_{i-1} \\ \sin\theta_i\sin\alpha_{i-1} & \cos\theta_i\sin\alpha_{i-1} & \cos\alpha_{i-1} & d_i\cos\alpha_{i-1} \\ 0 & 0 & 0 & 1 \end{bmatrix} \quad (7-5)
$$

运动学正解是根据不同机器人的实际连杆几何尺寸和关节转角变量 θ_1，θ_2，θ_3，θ_4，θ_5，θ_6，求得机器人执行机构末端位置 P 和姿态 $\{n, o, a\}$ 的过程。将 IRB2600 机器人参数表内的数值代入 D – H 坐标参数法通用公式（7 – 5）中，得到以下 6 个变换矩阵 ${}_1^0T$，${}_2^1T$，${}_3^2T$，${}_4^3T$，${}_5^4T$，${}_6^5T$。关节（连杆 i）1~6 变换矩阵依次为

$$
{}_1^0T = \begin{bmatrix} \cos\theta_1 & -\sin\theta_1 & 0 & 0 \\ \sin\theta_1 & \cos\theta_1 & 0 & 0 \\ 0 & 0 & 1 & 0 \\ 0 & 0 & 0 & 1 \end{bmatrix} \quad (7-6)
$$

$$
{}_2^1T = \begin{bmatrix} \cos\theta_2 & -\sin\theta_2 & 0 & a_1 \\ 0 & 0 & 1 & 0 \\ -\sin\theta_2 & -\cos\theta_2 & 0 & 0 \\ 0 & 0 & 0 & 1 \end{bmatrix} \quad (7-7)
$$

$$
{}_3^2T = \begin{bmatrix} \cos\theta_3 & -\sin\theta_3 & 0 & a_2 \\ \sin\theta_3 & \cos\theta_3 & 0 & 0 \\ 0 & 0 & 1 & 0 \\ 0 & 0 & 0 & 1 \end{bmatrix} \quad (7-8)
$$

$$
{}_4^3T = \begin{bmatrix} \cos\theta_4 & -\sin\theta_4 & 0 & a_3 \\ 0 & 0 & 1 & d_4 \\ -\sin\theta_4 & -\cos\theta_4 & 0 & 0 \\ 0 & 0 & 0 & 1 \end{bmatrix} \quad (7-9)
$$

$$
{}_5^4T = \begin{bmatrix} \cos\theta_5 & -\sin\theta_5 & 0 & 0 \\ 0 & 0 & -1 & 0 \\ \sin\theta_5 & \cos\theta_5 & 0 & 0 \\ 0 & 0 & 0 & 1 \end{bmatrix} \quad (7-10)
$$

$${}_6^5T = \begin{bmatrix} \cos\theta_6 & -\sin\theta_6 & 0 & 0 \\ 0 & 0 & 1 & d_6 \\ -\sin\theta_6 & -\cos\theta_6 & 0 & 0 \\ 0 & 0 & 0 & 1 \end{bmatrix} \qquad (7-11)$$

将 6 个变换矩阵依次相乘得到 ${}_6^0T$，如式（7-12）所示，这就是执行工具末端相对基坐标系的位姿关系式。

$${}_6^0T = {}_1^0T \cdot {}_2^1T \cdot {}_3^2T \cdot {}_4^3T \cdot {}_5^4T \cdot {}_6^5T \qquad (7-12)$$

当转动关节变量 θ_1，θ_2，θ_3，θ_4，θ_5，θ_6 发生变化时，机器人末端执行机构随之改变运动轨迹。此时末端位置和姿态关系式用矩阵 R 表示：

$$R = \begin{bmatrix} n_x & o_x & a_x & p_x \\ n_y & o_y & a_y & p_y \\ n_z & o_z & a_z & p_z \\ 0 & 0 & 0 & 1 \end{bmatrix} = {}_6^0T \qquad (7-13)$$

式中：

$$n_x = c_1 \left[c_{23}(c_4 c_5 c_6 - s_4 s_6) - s_{23} s_5 c_6 \right] + s_1(s_4 c_5 c_6 + c_4 s_6);$$
$$n_y = s_1 \left[c_{23}(c_4 c_5 c_6 - s_4 s_6) - s_{23} s_5 c_6 \right] - c_1(s_4 c_5 c_6 + c_4 s_6);$$
$$n_z = -s_{23}(c_4 c_5 c_6 - s_4 s_6) - s_{23} s_5 c_6;$$
$$o_x = c_1 \left[c_{23}(-c_4 c_5 s_6 - s_4 c_6) + s_{23} s_5 s_6 \right] - s_1(s_4 c_5 s_6 - c_4 c_6);$$
$$o_y = s_1 \left[c_{23}(-c_4 c_5 s_6 - s_4 c_6) + s_{23} s_5 s_6 \right] + c_1(s_4 c_5 s_6 - c_4 c_6);$$
$$o_z = s_{23}(c_4 c_5 s_6 + s_4 c_5) + c_{23} s_5 s_6;$$
$$a_x = -c_1(c_{23} c_4 s_5 + s_{23} c_5) - s_1 s_4 s_5;$$
$$a_y = -s_1(c_{23} c_4 s_5 + s_{23} c_5) - c_1 s_4 s_5;$$
$$a_z = s_{23} c_4 s_5 - c_{23} c_5;$$
$$p_x = c_1(a_3 c_{23} - d_4 s_{23} + a_2 c_2 + a_1);$$
$$p_y = s_1(a_3 c_{23} - d_4 s_{23} + a_2 c_2 + a_1);$$
$$p_z = d_1 - a_3 s_{23} - d_4 c_{23} - a_2 s_2;$$

式中：$c_i = \cos\theta_i$，$s_i = \sin\theta_i$，$c_{ij} = \cos(\theta_i + \theta_j)$，$s_{ij} = \sin(\theta_i + \theta_j)$。

将机器人关节转动变量 $\theta_1 = 0°$，$\theta_2 = -90°$，$\theta_3 = 0°$，$\theta_4 = 0°$，$\theta_5 = 0°$，$\theta_6 = 0°$ 代入末端位姿矩阵 R，验证执行工具相对于基座位姿关系的正确性。其计算结果如下所示。

$$R = \begin{bmatrix} 0 & 0 & 1 & a_1 + d_4 \\ 0 & -1 & 0 & 0 \\ 1 & 0 & 0 & a_2 + a_3 \\ 0 & 0 & 0 & 1 \end{bmatrix} = \begin{bmatrix} 0 & 0 & 1 & 945 \\ 0 & -1 & 0 & 0 \\ 1 & 0 & 0 & 815 \\ 0 & 0 & 0 & 1 \end{bmatrix} \qquad (7-14)$$

从计算结果中可以看到，位置数据与图 7 - 4 中的机器人结构尺寸完全相同，所以，该公式推导结果是正确的，可用于机器人运动学正向分析。事实证明，只要给出各关节具体旋转变量，就能求出机器人末端位置和姿态的唯一解，随着各关节的连续转动，进而形成一条完整的轨迹运动曲线，这也是机器人示教的本质原理。

7.1.3　IRB2600 机器人运动学逆解

机器人逆解是相对于正向运动而言的，恰恰和正向分析相反，它是根据机器人末端执行机构所在操作空间的位置 $\{p_x, p_y, p_z\}$ 和姿态 $\{n_i, o_i, a_i\}$ 信息，通过逆向数学运算，求解每一个关节 $\{\theta_1, \theta_2, \theta_3, \theta_4, \theta_5, \theta_6\}$ 的旋转角度。机器人运动的工作原理就是依靠电动机驱动各关节转动，进而确定工具末端的运动路线，因此逆解是完成机器人运动轨迹控制的关键所在，也是示教的基础原理。一般都是先规划轨迹坐标点，之后通过逆向求解运算，获得多种关节角变量数值，最后筛选出最优解，完成机器人的轨迹示教控制。

机器人轨迹运动方程是非线性的，目前常用的求解方法是代数法。由于代数法最成熟且求解完整、精度最高，被广泛应用于各大机器人生产领域。本次通过 IRB2600 机器人着重介绍一下代数求解法。和逆解运算原理相同，已知机器人末端工具 TCP 点空间位置 $\{p_x, p_y, p_z\}$ 和姿态 $\{n_i, o_i, a_i\}$，通过矩阵左乘运算，求解每一个关节 $\{\theta_1, \theta_2, \theta_3, \theta_4, \theta_5, \theta_6\}$ 的旋转角度，反馈到驱动系统，完成机器人轨迹规划运动目标。以下是具体求解公式：

$$\boldsymbol{R} = \begin{bmatrix} n_x & o_x & a_x & p_x \\ n_y & o_y & a_y & p_y \\ n_z & o_z & a_z & p_z \\ 0 & 0 & 0 & 1 \end{bmatrix} = {}_6^0\boldsymbol{T} = {}_1^0\boldsymbol{T} \cdot {}_2^1\boldsymbol{T} \cdot {}_3^2\boldsymbol{T} \cdot {}_4^3\boldsymbol{T} \cdot {}_5^4\boldsymbol{T} \cdot {}_6^5\boldsymbol{T} \qquad (7-15)$$

7.1.4　力坐标变换

机器人力觉引导式编程示教，依靠六维力传感器作为与外界接触的媒介，通过力传感器感知操作空间力/力矩信息，反馈到机器人控制系统，从而实现机器人智能化引导示教。从机器人本身的结构和运动特点考虑，驱动结构主要由转动副衔接的连杆构成，运动方式也是以正逆运动学原理为基础模型，通过各连杆关节的位姿坐标变换，确定执行工具末端的位置和姿态，随着关节位姿坐标的实时变化，形成一条完整的运动轨迹。

力传感器安装在执行工具和机器人末端法兰之间，执行工具末端受力坐标系与力传感器坐标系存在一定的偏差，这就导致感知结果与实际受力情况不一致的问题，进而对轨迹精确控制产生一定的影响，为了避免该问题的发生，必须对力坐标系进行合理变换，即把力传感器上的受力坐标系转化到实际接触工件的机器人工具末端，实际受力和感知力能够趋于一致，提高力觉示教的精准度，使轨迹控制更加细腻。

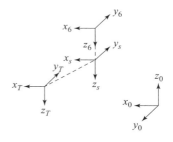

**图 7 - 5　传感器和末端
工具相对坐标关系**

图 7 - 5 所为力坐标系变换示意图，T 代表工具末端坐标系，S 代表力传感器坐标系，0 代表空间坐标系，力传感器坐标系相对于机器人法兰坐标系 $\{6\}$ 沿 z 轴正方向移动 h，与工具末端坐标系姿态相同，工具末端坐标原点到力传感器各轴的坐标投影为 $\{p_x, p_y, p_z\}$，故变换矩阵公式可表示为

$$
{}_{S}^{6}\boldsymbol{T} = \begin{bmatrix} 1 & 0 & 0 & 0 \\ 0 & 1 & 0 & 0 \\ 0 & 0 & 1 & h \\ 0 & 0 & 0 & 1 \end{bmatrix} \tag{7-16}
$$

$$
{}_{T}^{S}\boldsymbol{T} = \begin{bmatrix} 1 & 0 & 0 & p_x \\ 0 & 1 & 0 & p_y \\ 0 & 0 & 1 & p_z \\ 0 & 0 & 0 & 1 \end{bmatrix} \tag{7-17}
$$

此处假设力传感器上的感知力/力矩用 $\boldsymbol{f}_S$、$\boldsymbol{m}_S$ 表示，末端工具的实际接触力/力矩用 $\boldsymbol{f}_T$、$\boldsymbol{m}_T$ 表示。那么根据两坐标系之间操作力/力矩的坐标变换关系，可得

$$
\begin{bmatrix} \boldsymbol{f}_T \\ \boldsymbol{m}_T \end{bmatrix} = \begin{bmatrix} {}_{S}^{T}\boldsymbol{R} & 0 \\ \boldsymbol{S}({}^{T}\boldsymbol{p}_{So}){}_{S}^{T}\boldsymbol{R} & {}_{S}^{T}\boldsymbol{R} \end{bmatrix} \begin{bmatrix} \boldsymbol{f}_S \\ \boldsymbol{m}_S \end{bmatrix} \tag{7-18}
$$

由式（7 - 17）可以得到力传感器相对于执行工具的坐标变换矩阵：

$$
{}_{S}^{T}\boldsymbol{T} = \begin{bmatrix} 1 & 0 & 0 & -p_x \\ 0 & 1 & 0 & -p_y \\ 0 & 0 & 1 & -p_z \\ 0 & 0 & 0 & 1 \end{bmatrix} \tag{7-19}
$$

因此，

$$_S^T\mathbf{R} = \begin{bmatrix} 1 & 0 & 0 \\ 0 & 1 & 0 \\ 0 & 0 & 1 \end{bmatrix} \tag{7-20}$$

$$\mathbf{S}(^T\mathbf{p}_{So}) = \begin{bmatrix} 0 & p_z & -p_y \\ -p_z & 0 & p_x \\ p_y & -p_x & 0 \end{bmatrix} \tag{7-21}$$

根据式（7-18）可得：

$$\begin{bmatrix} \mathbf{f}_T \\ \mathbf{m}_T \end{bmatrix} = \begin{bmatrix} f_{Tx} \\ f_{Ty} \\ f_{Tz} \\ m_{Tx} \\ m_{Ty} \\ m_{Tz} \end{bmatrix} = \begin{bmatrix} 1 & 0 & 0 & 0 & 0 & 0 \\ 0 & 1 & 0 & 0 & 0 & 0 \\ 0 & 0 & 1 & 0 & 0 & 0 \\ 0 & p_z & -p_y & 1 & 0 & 0 \\ -p_z & 0 & p_x & 0 & 1 & 0 \\ p_y & -p_x & 0 & 0 & 0 & 1 \end{bmatrix} \begin{bmatrix} f_{Sx} \\ f_{Sy} \\ f_{Sz} \\ m_{Sx} \\ m_{Sy} \\ m_{Sz} \end{bmatrix} = \begin{bmatrix} f_{Sx} \\ f_{Sy} \\ f_{Sz} \\ p_z f_{Sy} - p_y f_{Sz} + m_{Sx} \\ -p_z f_{Sx} + p_x f_{Sz} + m_{Sy} \\ p_y f_{Sx} - p_x f_{Sy} + m_{Sz} \end{bmatrix} \tag{7-22}$$

通过以上公式变换，可以精确检测外力/力矩信息，提高测量精度，减少力觉反馈误差，进而为控制末端工具的示教运动打下基础。

|7.2 力觉示教硬件系统设计|

机器人力觉示教控制系统需要搭配完整的硬件设施来实现引导式示教方式。研究以 IRB2600 机器人为实验平台，安装六维力传感器在执行机构末端，用于感知接触端力觉信息，反馈到机器人内部驱动系统，设置各连杆关节角旋转变量，最终实现机器人智能感知示教方式。

7.2.1 力觉示教硬件系统的整体结构

以力传感器为感应元件的力觉示教研究中，区别于传统示教方式的特点在于力/力矩信息的反馈控制，可以根据环境变化改变机器人执行端运动轨迹，实现更加智能的机器人引导式示教运动，节省大量示教时间的同时提高机器人工作效率[148~149]。

力觉示教的工作原理是以人工引导机器人执行机构末端，按照人的意愿完成整个轨迹运动的过程。示教者的牵引力即六维力传感器的感知力，通过感知操作空间内的施力信息，由专用的数据采集仪将模拟电压信号发送到计算机服务端，计算机按照控制算法方程求解具体的接触端位置和姿态数据，再经过一系列的坐标变换得到关节角旋转变量，打包传输到机器人编程控制系统，编写机器人可识别的运动指令，实现机器人主动柔顺控制。力觉示教方式区别于传统的逐个记录运动轨迹点的示教方式，依靠力传感器可以精确感知力/力矩信息，快速确定运动坐标点，完成轨迹规划，实现人机协作引导式示教设想。

机器人整个工作系统的控制简图如图 7-6 所示，依托于六维力传感器实现人机协作式示教方式。整个示教过程大致由四部分组成，包括机器人本体的执行机构、中央控制柜、力信息采集系统的配件选型和人机交互系统，各部分相互协作共同完成示教工作，解决机器人接触性轨迹示教的问题。

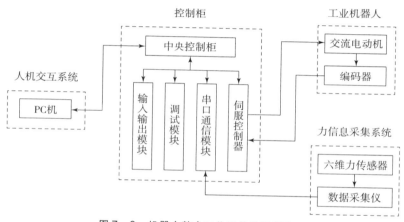

图 7-6 机器人整个工作系统的控制简图

机器人是整个操作空间的执行机构，与工件直接进行接触，为了满足各种复杂的工艺要求，本次选用 ABB 公司的六自由度机器人 IRB2600，以力觉示教的控制方式实现机器人的主动柔顺运动。

控制柜是机器人的控制中枢，外接机器人操作空间末端工具，内连人机交互系统。一方面，接收处理力信息采集系统反馈的外力信息，另一方面，经过控制程序，发出示教指令驱动机器人机械臂运动。整个工作流程是由六维力传感器感知机器人执行机构的末端受力，通过数据采集仪发送到 PC 端进行数据处理，打包反馈信息到机器人控制系统实现实时循环控制，完成人机交互工作。控制柜是机器人的核心控制部分，能否实现智能化主动柔顺运动和控制柜内部系统有密不可分的联系。

力信息采集系统作为机器人与外界环境之间的沟通媒介，具有不可或缺的地位。力信息采集的关键性元件是六维力传感器，通过感知外界环境所给予的力/力矩信息，由数据采集仪确定模拟电压信号发送到 PC 端，最终转换成机器人系统可以识别的运动语言，通过相应运动指令，驱动机器人各关节转动，实现力反馈人机协作主动柔顺运动，高效、精确地完成复杂工艺要求。

人机交互系统作为示教者与机器人之间的沟通桥梁，使示教者能够更加准确的引导机器人完成任务。随着机器人的运动，人机界面上的程序实时变化，可以直观地了解到每一步轨迹运动的数据变化，方便发现问题，并根据实际生产情况做出适当调整，只需要在人界面上就可以完成修改操作，保存到当前程序就可以继续运行，为示教者带来极大便利，同时提高了机器人工作效率。

无论是文件传输、备份还是故障诊断、预警，都离不开人机交互系统。人机交互系统相当于一个备忘录，记录存储着所有人为输入的数据信息，示教者可以随时存取、调用保存文件，并做出修改或删除命令。同时，还可以设置安全预警模式，提醒示教者哪种情况是存在危险隐患。

整个力觉示教实验平台选用 IRB2600 机器人为执行机构，搭载六维力传感器和 M8128 数据采集仪。采集系统用于感知外力/力矩信息以及数据转化，实时反馈到机器人控制系统，最终完成整个示教系统的通信连接。机器人力觉示教系统的实物图如图 7 - 7 所示。

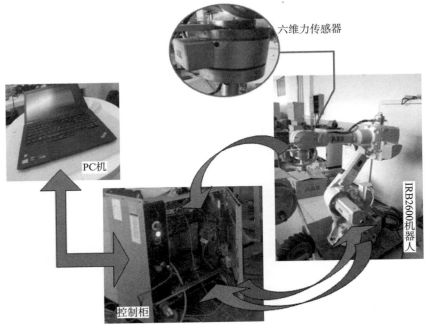

图 7 - 7　机器人力觉示教系统的实物图

7.2.2　IRB2600 机器人系统

图 7 - 8 所示为一款六自由度的串联开链式
ABB 机器人，是本次实验平台中的执行机构，广
泛应用于物料搬运、喷涂施釉、轴孔装配等各大
工业生产领域。IRB2600 作为中等型号的机器人，
其精度高、速度快、废品率低，是受到各个领域
青睐的关键所在，尤其适合弧焊、喷涂等工艺应
用，在工业生产领域有着举足轻重的地位。其高
精度由拥有专利的 TrueMove 运动控制软件实现。

图 7 - 8　一款六自由度的
串联开链式 ABB 机器人

IRB2600 机器人具有以下几方面优点：

（1）运行周期短。

IRB2600 机器人拥有 QuickMove 专利，该运动
控制软件使其加速度达到同类最高，在某些工况
下能够提高速率，减少运行时间。

（2）工作范围大。

IRB2600 机器人工作范围比较大，适用领域广，安装灵活方便，可选择性
强，不会干扰其他设备，能够轻松直达目标设备。优化机器人安装步骤，可以
有效提高生产率。对于工艺布局模拟，安装方式的灵活多变能带来更多的
便利。

（3）设计紧凑。

IRB2600 机器人拥有同 IRB4600 一样大小的底座，可缩短与目标位置的距
离，从而缩小整体占用面积，节省设备占地。同时小底座更加方便下臂进行正
下方操作。

（4）防护最佳。

ABB 工业机器人防护措施一直是处于国际领先地位。IRB2600 机器人可以
达到标准型的 IP67 防护等级，安全性得到很大保障。

（5）适于二次开发。

ABB 工业机器人统一配备 RobotStudio 智能仿真软件，模拟真实机器人工作
环境与真实的机器人进行数据分享，还可以对机器人进行实时的监控碰撞，在
线完成参数设置，随时修改程序以及传输文件、备份恢复等操作，能够更加轻
松便捷地进行调试与修复。同时又可以根据需求进行二次开发，使机器人能够
增加更多功能，完成更多操作，适用更广，在机器人生产制造领域拥有更多可
塑性，发挥智能控制的优势。

IRB2600 机器人搭载 IRC5 单柜控制器，IRC5 是 ABB 公司研发的第五代机器人控制器，能够集成 PLC 控制于一体，为用户提供更多的控制模式。IRC5 控制柜的内部组成结构如图 7－9 所示。

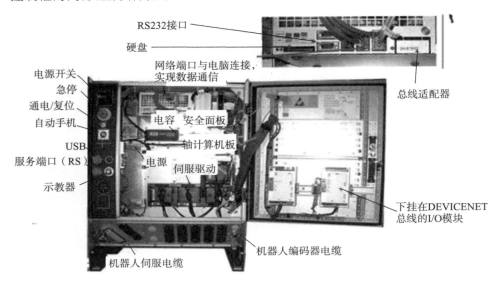

图 7－9　IRC5 控制柜的内部组成结构

机器人本体与控制柜之间的连接主要是机器人驱动电缆与编码器电缆、用户电缆的连接，如图 7－10 所示。驱动电缆是机器人的电源输送线，用于驱动机器人各关节轴电动机，为机器人提供源源不断的动力；编码器电缆是数据发

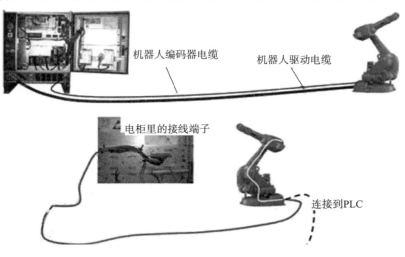

图 7－10　机器人本体与控制柜的线缆连接方式

送线，用于电动机转数信息的反馈和机械臂运动指令的传输。同时，机器人内部也有传输电缆，连接工具端和控制柜，方便信号收发，还有相应的液压气管连接等。

IRB2600 机器人由 ABB 公司提供丰富的 I/O 通信接口，标准 I/O 板提供常用的信号处理有数字量输入输出、组输入输出、模拟量输入输出，且都是 PNP 类型，具有很强的通用性。如图 7 - 11 所示，E 是数字输入信号接口端，可接入 16 个数字输入信号；F 是输入信号指示灯，用于显示输入情况；D 是整个 I/O 模块的电源指示灯；B 是数字输出信号接口端，可接入 16 个数字输出信号；A 是输出信号指示灯，用于显示输出情况；C 是 DeviceNet 接口端，包括 0 ~ 24 V 的电源接口、

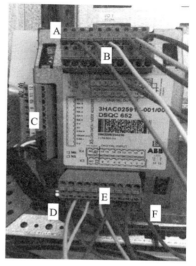

图 7 - 11　标准 I/O 板 DSQC652 接线图

CAN 信号线接口、屏蔽线接口和用来决定模块地址的端子口。

7.2.3　力信息采集系统

机器人工业制造更加趋于智能化，传统的机器人示教方式已经不能满足各种复杂的工作场合，添加智能传感器势在必行。本次力觉示教主要依托于正交并联六维力传感器，由人工拖拽机器人末端力传感器发出示教信号，通过变送器和数据采集仪分析、处理受力信号，发送到机器人控制系统，完成示教再现控制。如图 7 - 12 所示，是整个示教系统的力觉采集 - 分析 - 传输的具体流程。

通过人工牵引机器人末端工具，触发安装在机器人腕部的六维力传感器装置，感知示教者的施力信息，产生应变信号，经变送器转化为可识别的模拟电压信号，经过处理得到机器人末端执行机构的具体位置和姿态，同时，根据连杆坐标变换，求得各关节旋转变量，最后导入控制系统，即利用机器人自身的 RAPID 编程语言编写运动指令，控制机器人的轨迹运动，整个示教是一个巡返往复的过程，只要有力的变化，就会更新相应的运动指令，最终实现引导式轨迹示教控制。

数据采集卡采用 M8128，如图 7 - 13 所示。其具备六个模拟量输入信号通道，数字输出支持 RS232、CAN 总线与以太网通信，24 位 AD 转换器（16 位有效）用于提供高分辨率，采样率高达 2 kHz，系统参数可通过编程控制，满足实时应用的要求。

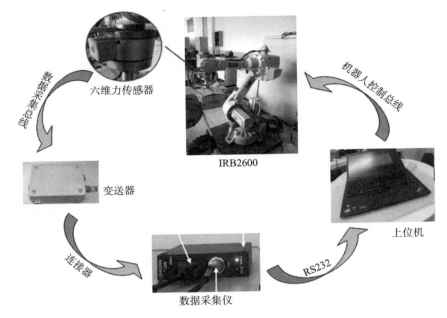

图 7 – 12　力觉采集系统

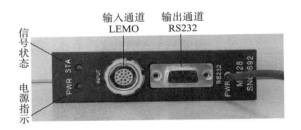

图 7 – 13　M8128 数据采集仪

|7.3　力觉示教控制系统设计|

为了使机器人在力觉示教过程中能按照操作人员牵引机器人末端工具的趋势主动灵活的运动，同时避免操作人员在牵引过程中因机器人的运动速度过大等因素造成的安全隐患，更加灵活、安全、可控的完成机器人力觉示教，需要对机器人进行力控制来约束力觉示教时机器人在牵引力作用下的运动，从而实现主动柔顺力觉示教。因此，确定一种合适的力控制方法是机器人力觉示教的关键问题。

7.3.1　六维力传感器重力补偿算法

六维力传感器能够测量空间大小和方向实时变化的三个方向的力和力矩信息，一般安装在工业机器人末端，协助机器人完成力/位置控制、轮廓跟踪、轴孔配合等一些精细复杂的操作，在机器人中具有广泛应用。六维力传感器在随机器人运动的过程中，虽然传感器自身重力影响往往在其设计过程中已被考虑到并做相应处理，标定了使用前的初始零位值，使用时可以忽略传感器自身重力影响，但是，六维力传感器的另一端连接着操作工具，工具位姿的变化会影响工具重力作用在传感器各个方向的力/力矩值，传感器的零位值也会随之不断变化，这就导致传感器的测量产生一定偏差，降低了其测量精度，进而影响机器人的操作。因此，有必要对机器人运动中的六维力传感器进行重力补偿。

关于不同情况下的重力补偿，国内一些学者也分别进行过理论算法推导或相关实验研究等，并取得了一定的研究成果。谢光辉等人提出了一种利用最小二乘法的参数识别方法，可用于对机器人臂的重力补偿；林君健采用矢量分解的方法推导出一种机器人的重力补偿算法；李思桥等人提出的对机构的重力补偿理论计算是基于拉格朗日方程进行的，实现了对力觉交互设备的重力补偿。以上这些研究从不同出发点和落脚点，根据各自不同情况分析或推导了机械臂重力补偿的算法、验证及控制等问题，证明了重力补偿在机器人操作中的重要和必要性，对重力补偿研究具有一定的学习和借鉴意义。

本节针对机器人姿态变化导致末端工具重力影响六维力传感器零位值的问题，在结合前人研究的基础上，提出了一种方便有效的重力补偿算法，利用机器人各连杆的变换矩阵以及不同坐标系间的力坐标变换关系，消除六维力传感器测量过程中工具重力的影响，以便能实时补偿传感器的零位值，使传感器在机器人运动过程中能实时检测出末端工具实际所受外力的大小，从而使机器人能够完成更加精密的操作任务。

工业机器人在进行主动柔顺力觉示教过程中，机械臂的腕关节上会通过一个六维力传感器来连接末端执行工具，完成各项操作任务。传感器能够测得末端工具所受的外力/力矩，进而反馈给控制系统控制机器人实现柔顺运动。在这种情况下，为了消除工具自身重力对传感器示数造成的影响，得到准确的外力反馈信息，我们需要以机器人本体、六维力传感器、末端工具为研究平台，推导和研究相应的补偿算法对传感器测量结果进行重力补偿。

根据 7.1.3 中力坐标变换的建模原理，建立新的重力补偿模型，假设末端执行工具的重力大小为 g，重心落在工具坐标系 T 的坐标原点，方向与空间基坐标系 z 轴的负方向一致，那么相对于空间基坐标系的重力分量矩阵恒为

$$^0f_g = [0 \quad 0 \quad g]^\mathrm{T} \qquad (7-23)$$

通过式（7-16）、式（7-17）中的矩阵运算能够求解工具 T 坐标系相对于基坐标系在操作空间的位姿关系：

$$^0_TT = {}^0_6T{}^6_ST{}^S_TT = \left[\begin{array}{ccc|c} & ^0_TR & & ^0_Tp \\ \hline 0 & 0 & 0 & 1 \end{array}\right] \qquad (7-24)$$

式中：

$$^0_TR = \begin{bmatrix} n_x & o_x & a_x \\ n_y & o_y & a_y \\ n_z & o_z & a_z \end{bmatrix} \qquad (7-25)$$

^0_TR 是末端执行工具坐标系 T 相对于基坐标系 $\{0\}$ 的旋转矩阵，联立公式（7-23）可得重力 g 在工具坐标系 T 下的矩阵变换：

$$^Tf_g = {}^0_TR^\mathrm{T} \cdot {}^0f_g = \begin{bmatrix} n_x & o_x & a_x \\ n_y & o_y & a_y \\ n_z & o_z & a_z \end{bmatrix}^\mathrm{T} \begin{bmatrix} 0 \\ 0 \\ G \end{bmatrix} = G\begin{bmatrix} n_z \\ o_z \\ a_z \end{bmatrix} \qquad (7-26)$$

由于工具重心和坐标系 T 的坐标原点重合，故重力 g 在工具坐标系 x，y，z 三个方向的力矩为 0，故具体的力（^Tf_g）/力矩（^Tm_g）变换如下：

$$\begin{bmatrix} ^Tf_g \\ ^Tm_g \end{bmatrix} = \begin{bmatrix} ^Tf_{gx} \\ ^Tf_{gy} \\ ^Tf_{gz} \\ ^Tm_{gx} \\ ^Tm_{gy} \\ ^Tm_{gz} \end{bmatrix} = G\begin{bmatrix} n_z \\ o_z \\ a_z \\ 0 \\ 0 \\ 0 \end{bmatrix} \qquad (7-27)$$

那么由两坐标系之间操作力/力矩的坐标变换关系，可得重力相对于传感器坐标系 S 和工具坐标系 T 的变换矩阵如下：

$$\begin{bmatrix} ^Sf_g \\ ^Sm_g \end{bmatrix} = \begin{bmatrix} ^S_TR & \mathbf{0} \\ S(^Sp_{To})^S_TR & ^S_TR \end{bmatrix}\begin{bmatrix} ^Tf_g \\ ^Tm_g \end{bmatrix} \qquad (7-28)$$

根据式（7-17）可知，

$$^S_TR = \begin{bmatrix} 1 & 0 & 0 \\ 0 & 1 & 0 \\ 0 & 0 & 1 \end{bmatrix} \qquad (7-29)$$

$$S(^{S}\boldsymbol{p}_{T_{o}}) = \begin{bmatrix} 0 & -p_{z} & p_{y} \\ p_{z} & 0 & -p_{x} \\ -p_{y} & p_{x} & 0 \end{bmatrix} \qquad (7-30)$$

由上式可知重力相对传感器坐标系 S 下的六维力/力矩，即对重力进行的重力补偿值：

$$\begin{bmatrix} ^{S}\boldsymbol{f}_{g} \\ ^{S}\boldsymbol{m}_{g} \end{bmatrix} = \begin{bmatrix} ^{S}f_{gx} \\ ^{S}f_{gy} \\ ^{S}f_{gz} \\ ^{S}m_{gx} \\ ^{S}m_{gy} \\ ^{S}m_{gz} \end{bmatrix} = \begin{bmatrix} 1 & 0 & 0 & 0 & 0 & 0 \\ 0 & 1 & 0 & 0 & 0 & 0 \\ 0 & 0 & 1 & 0 & 0 & 0 \\ 0 & -p_{z} & p_{y} & 1 & 0 & 0 \\ p_{z} & 0 & -p_{x} & 0 & 1 & 0 \\ -p_{y} & p_{x} & 0 & 0 & 0 & 1 \end{bmatrix} \begin{bmatrix} ^{T}f_{gx} \\ ^{T}f_{gy} \\ ^{T}f_{gz} \\ ^{T}m_{gx} \\ ^{T}m_{gy} \\ ^{T}m_{gz} \end{bmatrix} = G \begin{bmatrix} n_{z} \\ o_{z} \\ a_{z} \\ a_{z}p_{y} - o_{z}p_{z} \\ n_{z}p_{z} - a_{z}p_{x} \\ o_{z}p_{x} - n_{z}p_{y} \end{bmatrix}$$

$$(7-31)$$

机器人示教过程中，力传感器所检测到的力/力矩信息用 $\boldsymbol{f}_{c}$、$\boldsymbol{m}_{c}$ 表示，通过重力补偿算法转换，末端执行工具所受的实际力/力矩信息用 $\boldsymbol{f}_{s}$、$\boldsymbol{m}_{s}$ 表示，具体公式如下：

$$\begin{bmatrix} \boldsymbol{f}_{S} \\ \boldsymbol{m}_{S} \end{bmatrix} = \begin{bmatrix} \boldsymbol{f}_{c} - ^{S}\boldsymbol{f}_{g} \\ \boldsymbol{m}_{c} - ^{S}\boldsymbol{m}_{g} \end{bmatrix} \qquad (7-32)$$

通过建立重力补偿模型，弥补了执行工具自身重力对六维力传感器实际测量结果所带来的误差，确保机器人末端位置和姿态变化时，能够捕捉到更精确的力/力矩信息，从而使机器人力反馈控制更加细腻，使机器人轨迹运动能够按照示教者意愿完美执行。同时，重力补偿模型的建立也为后续控制算法的研究做好铺垫。

7.3.2　六维力传感器重力补偿算法验证

本次六维力传感器重力补偿仿真验证基于 MATLAB 和 Adams 联合仿真。MATLAB 作为一款数学运算软件，主要用于算法开发、数据分析；Adams 可以创建具有约束、静力学、动力学的工作环境，通过一定的方程运算得到机械系统的位移、速度曲线以及载荷分布、碰撞检测等。

根据 IRB2600 机器人各连杆长度、偏移参数 a_{1}，a_{2}，d_{1}，d_{4} 的值；末端工具重力大小设为 100 N，方向是基坐标系 z 轴的负方向，相对位置关系为 $^{S}\boldsymbol{p}_{T_{o}} = [115 \ -50 \ 55]^{\mathrm{T}}$，取 $\theta_{1} \in [0, \ -\pi/6] \mathrm{rad}$，$\theta_{2} \in [-\pi/2, \ -2\pi/3] \mathrm{rad}$，$\theta_{3} \in [0, \ -\pi/6] \mathrm{rad}$，$\theta_{4} \in [0, \ -\pi/6] \mathrm{rad}$，$\theta_{5} \in [\pi/2, \ \pi/3] \mathrm{rad}$，$\theta_{6} \in [0, \ -\pi/6] \mathrm{rad}$，

关节转动变量为 3 rad/s。打开 MATLAB 仿真软件，将假设已知量和运算公式导入其中，如图 7 – 14 所示，是重力补偿 x，y，z 方向上的力/力矩曲线变化图。

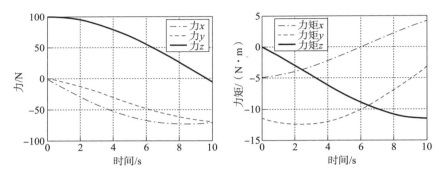

图 7 – 14　三向分力/力矩补偿曲线

由重力补偿曲线图可以发现，工具自身重力随着机器人末端的位姿变化，在力传感器上的力/力矩也实时变化，消除了机器人末端工具重力对测量结果带来的偏差，保证了力传感器的检测精度。

下面通过 Adams 仿真软件对机器人进行重力补偿，具体的验证流程如下：

1）机械系统建模

因为 Adams 建模能力较弱，一般适合结构简单、形状较规则的零件建模，对于复杂的机器人力觉示教系统虚拟样机，本文选择中性格式文件导入的方式导入样机模型。首先在 SolidWorks 软件创建 IRB2600 机器人的三维模型，然后将其保存成 Parasolid（*.x_t）格式文件；然后打开 Adams/View2012 仿真软件，选择"New Model"创建新文件，单击"File→Import"，在出现的窗口中，设定"File Type"一栏的文件类型为"Parasolid"文件，最后在"File To Read"的右侧空白栏中双击，选择之前保存的 Parasolid（*.x_t）文件打开，即可将 IRB2600 机器人虚拟样机导入 Adams 中，如图 7 – 15 所示。

机械模型导入后，定义各零部件的材料、质量等相关属性，使仿真模型尽可能与 IRB2600 机器人实际物理属性相近。

最后根据机器人力觉示教系统模型的结构添加约束。本模型共需添加两种约束：固定约束——Fixed Joint 🔒 和转动约束——Revolute Joint 🔧。在"Connectors"一栏中，选择需要的约束，设置零件的连接方式为"2Bodies – 1Location"，约束方向为"Normal To Gird"；分别选择约束所连接的两个零件"First Body"和"Second Body"。本机器人虚拟样添加的所有约束关系如表 7 – 2 所示。

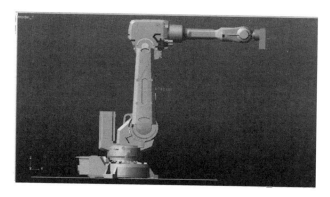

图 7 − 15　IRB2600 机器人仿真模型

表 7 − 2　机器人约束关系

关节	物体 1	物体 2	约束类型
1	底座	大地	固定关节
2	腰	底座	旋转关节
3	大臂	腰	旋转关节
4	臂肘	大臂	旋转关节
5	小臂	臂肘	旋转关节
6	腕摆机构	小臂	旋转关节
7	腕转机构	腕摆机构	旋转关节
8	传感器	腕转机构	固定关节
9	工具	传感器	固定关节

2）仿真分析

进行运动仿真，首先要为模型添加驱动。在主工具箱中 "Motions" 一栏，选择 "Rotational Joint Motion" 旋转驱动，然后依次在模型的腰关节、大臂关节、臂肘关节、小臂关节、腕摆关节、腕转关节添加转动驱动。

按照数值算例中描述的运动，定义机器人各关节旋转驱动函数。依次对旋转驱动 "MOTION_1" 至 "MOTION_6" 右击选择 "Modify"，在弹出的约束驱动窗口中编辑驱动函数为：Function(time) = 3.0d * time。

在主工具箱的 "Simulation" 一栏单击仿真按钮，弹出仿真控制窗口 "Simulation Control"，设置仿真时间为 $t = 10$ s，仿真步数 step = 500，单击开始仿真按钮，进行重力补偿的运动仿真。

3）仿真结果分析

单击仿真控制窗口中的后处理按钮 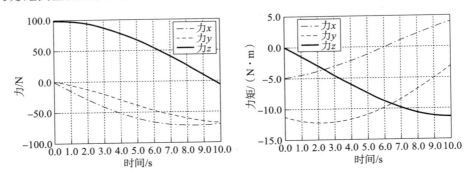，进入"Adams/PostProcessor2012"后处理界面，测量传感器坐标系三个方向的力和力矩，生成六维力传感器的力与力矩测量曲线，如图 7 - 16 所示。

图 7 - 16   三向分力/力矩的补偿测量值

由图 7 - 14 和图 7 - 16 对比可得，实际机构运动仿真曲线图和数学运算仿真曲线图基本吻合，故重力补偿算法是真实有效的。

7.3.3   力觉示教控制算法研究

力觉示教机器人是以人机协作为目标，通过人工牵引机器人末端手臂完成轨迹规划，实现机器人力觉示教控制。机器人控制系统是一个集运动学和动力学、耦合性、非线性的多变量为一体的控制系统。鉴于本身的多向控制，经典控制理论和现代控制理论在某种程度不能照搬使用。需要根据实际的工作情况，采取最佳的控制方式，从传统的编程自动化、微处理机控制到小型计算机控制等。

机器人在工业生产制造领域的应用大多只是简单的编程控制。示教方式相对单一，仅仅适用于多点单一路径的轨迹运动，面对一些复杂的轨迹控制，如不规则体的喷涂施釉、曲面打磨抛光、轴孔装配等工业工艺，机器人末端执行工具需要与工件之间产生接触力，此时，传统的逐点示教方式很难精确地实现既定轨迹示教，为了避免误差和提高机器人控制精度，需要机器人接触工件端拥有力觉反馈装置，使机器人末端执行器一方面能够沿着期望的运动轨迹执行，另一方面还要具备精确的接触力反馈，实时调整机器人的运动轨迹，最终完成复杂的工艺要求。

机器人运动学和动力学本身并没有涉及机器人与外界环境接触时的运算方式，但力是由两个物体接触时产生，故机器人的力控制问题其实是真实工作环境下所面对的接触力问题，也是轨迹规划控制问题。机器人需要像感觉器官一样的力反馈能力，使其在复杂操作面前能够很好地胜任。如果在机械手上安装力传感器，机器人控制系统就能够接收到末端力/力矩反馈信息，从而做出相应的运动指令调整，达到与接触环境相契合的控制程度。

　　机器人对外界环境约束的顺应能力称之为柔顺性。所谓柔顺控制，是指在机器人的末端执行工具与外部环境产生干涉的情况下，末端执行工具能够根据实际工况做出相应的轨迹调整。主动柔顺一般是通过改变控制器的方式，常见的是在机器人末端与法兰之间添加力传感器，增加力反馈控制，使机器人与工件之间能够完成柔顺的轨迹运动，使机器人控制更加智能化、轨迹运动更加精准。经典的机器人柔顺控制理论包括阻抗控制和力/位混合控制方法。

　　阻抗控制的这一概念是 N. Hogan 在 1985 年提出的。其特点是将工具速度和受力分别看作是阻抗和导纳，从而，机器人的力控制问题转化为阻抗与导纳的调节问题。所以，运用于机器人的阻抗控制其实是通过调节力和位移二者关系的控制方式，通过反馈调整位置误差、速度误差，从而间接完成机器人运动控制。具体的力作用关系式为

$$F_d = K\Delta X + B\Delta \dot{X} + M\Delta \ddot{X} \qquad (7-33)$$

式中
$$\Delta X = X_d - X$$

　　　　ΔX——位置误差；

　　　　X_d——名义位置；

　　　　X——实际位置；

　　　　K、B、F——弹性、阻尼、惯量系数矩阵。

图 7-17 所示为机器人力/位混合控制原理图。

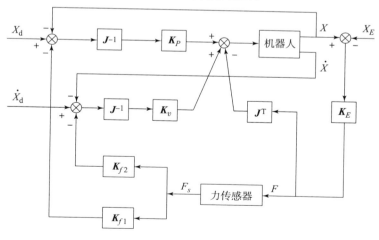

图 7-17　机器人力/位混合控制原理图

刚度控制是以刚度系数 K_p 控制执行工具末端的位置和作用力的误差波动，表达式如下：

$$F(t) = K_p \Delta X \qquad\qquad (7-34)$$

式中，$K_p = \mathrm{diag}[\, K_{p1}\ K_{p2} \cdots\ K_{p6}\,]$。机器人随着矩阵 K_p 中的各个元素值的变化实现柔顺运动。

阻尼控制则是以阻尼系数 K_v 控制执行工具末端的速度和作用力之间的变量关系，表达式如下：

$$F(t) = K_v \Delta \dot{X} \qquad\qquad (7-35)$$

刚度控制和阻尼控制共同作用下实现了机器人与外界环境接触受力时，能够使机器人按照受力情况做出相应调整。

力/位混合控制作为经典的机器人主动柔顺控制策略，其控制原理是同时对力和位置进行控制。从所处空间关系来说，力和位置所在的空间是两个互补的自由空间，可以实现同步控制，且互不干扰，机器人各关节能够完成位置协调控制和对各自受力的平衡控制。机器人末端执行工具受到外力某个方向的作用力时，位置控制也在非受力方向进行位置坐标点控制，力信息反馈会对位置坐标做出更精确的定位，而位置控制又能为力控制提供具体的作用点，这种控制同时进行，相辅相成，最终达到力位混合控制的效果。

如图 7-18 所示，力/位混合控制是由位置控制和力控制两个独立的单元同时控制，此处借助雅可比矩阵建立关节变量和力/位之间的关系，从而驱动机器人完成指定轨迹运动。但该控制模式需要求解雅可比矩阵，对环境约束比较苛刻，且控制结构也会随之变化。

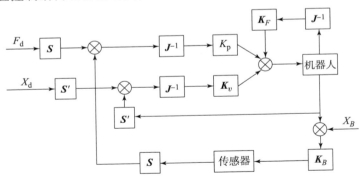

图 7-18 机器人力/位混合控制原理图

在操作空间，机器人末端执行工具所受到的外力/力矩是力反馈示教的输入端，而通过算法转换得到的执行工具末端位置和姿态信息是输出端，控制机器人轨迹运动。所谓控制算法，就是外力/力矩数据和机器人执行工具位置和姿态变量的运算法则，两者之间是自变量和因变量的求解关系。假设外力/力矩用 f_T/m_T 表示，末端执行工具的速度变量用 Δx（即 Δv 和 $\Delta\omega$）表示，机器人在任意时间 t 的速度变量和角速度变量如下：

$$\Delta v = \frac{k_f}{M}\int_0^t f_T \mathrm{d}t \qquad (7-36)$$

式中　$\Delta \boldsymbol{v}$——机器人末端工具线速度变量；

　　　k_f——机器人末端受力运动灵敏度；

　　　M——机器人末端工具质量。

$$\Delta \omega = \frac{k_m}{I}\int_0^t m_T \mathrm{d}t \qquad (7-37)$$

式中　$\Delta \boldsymbol{\omega}$——机器人末端工具角速度变量；

　　　k_m——机器人末端受力矩运动灵敏度；

　　　I——机器人末端工具转动惯量。

在实际机器人控制过程中，灵敏度 k_f 和 k_m 可以根据实际情况设置，随时改变末端工具速度，使机器人末端运动与环境外力之间的转换更趋于柔顺，实现机器人更加智能的控制方式。

由式（7 – 38）可以确定机器人执行机构末端的位置矢量 $\boldsymbol{P}$；由式（7 – 39）可得到机器人末端姿态 $\boldsymbol{R}$；力觉示教机器人的末端执行机构的位置矢量 $\boldsymbol{P}$ 和姿态 $\boldsymbol{R}$ 分别为

$$\boldsymbol{P} = \begin{bmatrix} P_x \\ P_y \\ P_z \end{bmatrix} \qquad (7-38)$$

$$\boldsymbol{R} = [\,n \quad o \quad a\,] \qquad (7-39)$$

式中：$n = \begin{bmatrix} n_x \\ n_y \\ n_z \end{bmatrix}$；$o = \begin{bmatrix} o_x \\ o_y \\ o_z \end{bmatrix}$；$a = \begin{bmatrix} a_x \\ a_y \\ a_z \end{bmatrix}$。

此处求解 n，o，a 需要用到 RPY 角法，通过力传感器获知的力矩信息可以分别确定绕 x，y，z 轴的旋转角度 α，β，γ，故 RPY 旋转矩阵为

$$\mathrm{RPY}(\gamma, \beta, \alpha) = \mathrm{Rot}(z, \alpha)\,\mathrm{Rot}(y, \beta)\,\mathrm{Rot}(x, \gamma) \qquad (7-40)$$

$$\mathrm{RPY}(\gamma, \beta, \alpha) = \begin{bmatrix} c\alpha & -s\alpha & 0 \\ s\alpha & c\alpha & 0 \\ 0 & 0 & 1 \end{bmatrix}\begin{bmatrix} c\beta & 0 & s\beta \\ 0 & 1 & 0 \\ -s\beta & 0 & c\beta \end{bmatrix}\begin{bmatrix} 1 & 0 & 0 \\ 0 & c\gamma & -s\gamma \\ 0 & s\gamma & c\gamma \end{bmatrix}$$

$$(7-41)$$

机器人轨迹示教最终是对关节驱动力的示教，不论是传统的示教盒示教还

是离线示教，本质都是通过记录坐标点位置，以一种合适的机器人轴配置方式实现伺服电动机对关节转动的控制驱动。以六维力传感器为基础的机器人力觉示教，通过操作空间的力反馈信息，确定末端执行机构的位置和姿态，以一种不同于传统运动学逆解的方式获得关节空间转动角度以及各关节运动速度。

IRB2600 机器人的最后三个关节为旋转关节而且轴线相交于一点，故其末端执行器的位置完全由前三个关节变量的大小决定，末端执行器的姿态则由后三个关节变量决定。

1. 求解前三个关节角

（1）求解 θ_1。

根据机器人末端位置和姿态矩阵 $\boldsymbol{R}$ 分析，可得：

$$p_x = c_1(a_3 c_{23} - d_4 s_{23} + a_2 c_2 + a_1) \tag{7-42}$$

$$p_y = s_1(a_3 c_{23} - d_4 s_{23} + a_2 c_2 + a_1) \tag{7-43}$$

$$p_z = d_1 - a_3 s_{23} - d_4 c_{23} - a_2 s_2 \tag{7-44}$$

由于 θ_2，θ_3 还未求出，无法判断 $a_3 c_{23} - d_4 s_{23} + a_2 c_2 + a_1$ 的正负，故可能有以下两种情况：

①假设 $a_3 c_{23} - d_4 s_{23} + a_2 c_2 + a_1 > 0$，则有 θ_1 的第一个可能解 θ_{1a}

$$\theta_{1a} = A\tan 2(p_y, \ p_x) \tag{7-45}$$

②假设 $a_3 c_{23} - d_4 s_{23} + a_2 c_2 + a_1 < 0$，则有 θ_1 的第二个可能解 θ_{1b}

$$\theta_{1b} = A\tan 2(-p_y, \ -p_x) \tag{7-46}$$

（2）求解 θ_2。

根据式（7-42）、式（7-44）可得：

$$k_1 - a_2 c_2 = a_3 c_{23} - d_4 s_{23} \tag{7-47}$$

$$k_2 - a_2 c_2 = a_3 c_{23} - d_4 s_{23} \tag{7-48}$$

$$k_3 + a_2 c_2 = -a_3 c_{23} - d_4 s_{23} \tag{7-49}$$

式中：$k_1 = \dfrac{p_x}{c_1} - a_1$，$k_2 = \dfrac{p_y}{s_1} - a_1$，$k_3 = p_z - d_1$。

若 c_1 不等于0，即式 $k_1 = \dfrac{p_x}{c_1} - a_1$ 中分母 c_1 不为0，于是与该 θ_1 对应的 θ_2 的计算方法如下，将式（7-47）和式（7-49）各自平方后取两式和，整理得：

$$-k_1 c_2 + k_3 s_2 = m_1 \tag{7-50}$$

式中：$m_1 = \dfrac{d_4^2 + a_3^2 - a_2^2 - k_1^2 - k_3^2}{2a_2}$。

由式（7-50）套用三角代换公式可得：

$$\theta_2 = A\tan 2\left(k_3,\ -k_1\right) \pm A\tan 2\left(\sqrt{k_1^2 + k_3^2 - m_1^2},\ m_1\right) \tag{7-51}$$

若 c_1 等于 0，即 θ_1 的值等于 $\pm\dfrac{\pi}{2}$ 时，式 $k_1 = \dfrac{p_x}{c_1} - a_1$ 中分母 c_1 为 0，而式

$k_2 = \dfrac{p_y}{s_1} - a_1$ 中的分母 s_1 此时为 $+1$ 或 -1，于是改用式（7-48）和式（7-49）

两式进行计算，用同样的方法可求出：

$$\theta_2 = A\tan 2\left(k_3,\ -k_2\right) \pm A\tan 2\left(\sqrt{k_2^2 + k_3^2 - m_2^2},\ m_2\right) \tag{7-52}$$

式中：$m_2 = \dfrac{d_4^2 + a_3^2 - a_2^2 - k_2^2 - k_3^2}{2a_2}$。

（3）求解 θ_3。

为避免出现分母 c_1 或 s_1 为 0，同样分两种情况讨论。

①若 c_1 不等于 0，用（7-47）和式（7-49）两式，整理得：

$$a_3 c_{23} - d_4 s_{23} = w_1 \tag{7-53}$$

$$-d_4 c_{23} - a_3 s_{23} = w_2 \tag{7-54}$$

式中：$w_1 = k_1 - a_2 c_2$，$w_3 = k_3 + a_2 s_2$。

联立式（7-47）和式（7-48）两式，可求得：

$$s_{23} = \frac{d_4 w_1 + a_3 w_3}{-d_4^2 - a_3^2} \tag{7-55}$$

$$c_{23} = \frac{a_3 w_1 + d_4 w_3}{d_4^2 + a_3^2} \tag{7-56}$$

故可求得：

$$\theta_3 = A\tan 2\left(s_{23},\ c_{23}\right) - \theta_2 \tag{7-57}$$

②若 c_1 等于 0，用式（7-48）和式（7-49）两式，整理得：

$$a_3 c_{23} - d_4 s_{23} = w_2 \tag{7-58}$$

$$-d_4 c_{23} - a_3 s_{23} = w_3 \tag{7-59}$$

式中：$w_2 = k_1 - a_2 c_2$，$w_3 = k_3 + a_2 s_2$。

联立式（7-58）和式（7-59）两式，求得：

$$s_{23} = \frac{d_4 w_2 + a_3 w_3}{-d_4^2 - a_3^2} \tag{7-60}$$

$$c_{23} = \frac{a_3 w_2 + d_4 w_3}{d_4^2 + a_3^2} \tag{7-61}$$

故可求得：

$$\theta_3 = A\tan 2\left(s_{23},\ c_{23}\right) - \theta_2 \tag{7-62}$$

2. 求解后三个关节角

由齐次变换矩阵的构成可知，在计算运动学正解中求出的各个齐次变换矩阵的前三行和前三列即为对应的旋转矩阵，而且 ^0_6T 和前三个关节角在前面已经求出，故可计算出：

$$R^3_6 = {}^0_3R^{-1}{}^0_6R = {}^0_3R^T \begin{bmatrix} r_{11} & r_{12} & r_{13} \\ r_{21} & r_{22} & r_{23} \\ r_{31} & r_{32} & r_{33} \end{bmatrix} = \begin{bmatrix} r'_{11} & r'_{12} & r'_{13} \\ r'_{21} & r'_{22} & r'_{23} \\ r'_{31} & r'_{32} & r'_{33} \end{bmatrix} \quad (7-63)$$

$$^3_6R = {}^3_4R{}^4_5R{}^5_6R = \begin{bmatrix} c_4c_5c_6 - s_4s_6 & -c_6s_4 - c_4c_5c_6 & -c_4s_5 \\ c_6s_5 & -s_5s_6 & c_5 \\ -c_4s_6 - c_5c_6s_4 & c_5s_4s_6 - c_4c_6 & s_4s_5 \end{bmatrix} \quad (7-64)$$

式中：$\begin{bmatrix} r_{11} & r_{12} & r_{13} \\ r_{21} & r_{22} & r_{23} \\ r_{31} & r_{32} & r_{33} \end{bmatrix}$ 表示执行器末端姿态 R。

由以上两式中矩阵的对应元素相等，即可求得后三个关节角，具体步骤如下：

（1）求 θ_5。

由 $c_5 = r'_{23}$ 得：

$$\theta_5 = A\tan 2\left[\pm\sqrt{1-(r'_{23})}, \ r'_{23}\right] \quad (7-65)$$

（2）求 θ_4。

由 $-c_4s_5 = r'_{23}$，$-c_4s_5 = r'_{13}$ 及 $s_4s_5 = r'_{33}$，$s_4s_5 = r'_{33}$ 可得：

$$\begin{cases} \theta_4 = A\tan 2(r'_{33}, \ -r'_{13}), \ s_5 > 0 \\ \theta_4 = A\tan 2(-r'_{33}, \ r'_{13}), \ s_5 < 0 \end{cases} \quad (7-66)$$

（3）求 θ_6。

由 $-c_6s_5 = r'_{21}$ 及 $-s_5s_6 = r'_{22}$ 可得：

$$\begin{cases} \theta_6 = A\tan 2(-r'_{22}, \ r'_{21}), \ s_5 > 0 \\ \theta_6 = A\tan 2(r'_{22}, \ -r'_{21}), \ s_5 < 0 \end{cases} \quad (7-67)$$

通过以上算法求解得到机器人各关节的变量关系，为后续实现轨迹运动做好铺垫，便于实时控制。

7.3.4 力觉示教控制算法仿真验证

本次力觉示教控制算法仿真验证依托于 Adams 机械仿真分析，在软件中建立 IRB2600 机器人模型，并对该模型添加合适的外部载荷（力传感器所感知的作用力/力矩）。

在载荷模型选项栏选择单向力 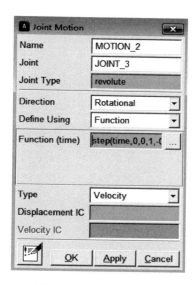，对模型进行单向力参数设置，如图 7 - 19 所示，输入 10 N 的力，同时在图形区域选择工具作用点（执行工具重心点）和力的方向（x 轴的负方向）。机器人各关节是由转动副连接，那么需要设置关节驱动函数，假设工具自身质量为 5 kg，由上文关于操作空间和关节空间推导的控制算法，可以得到 $t = 0 \sim 10$ s 内关节转角变量，如图 7 - 20 所示，完成驱动函数的设置。

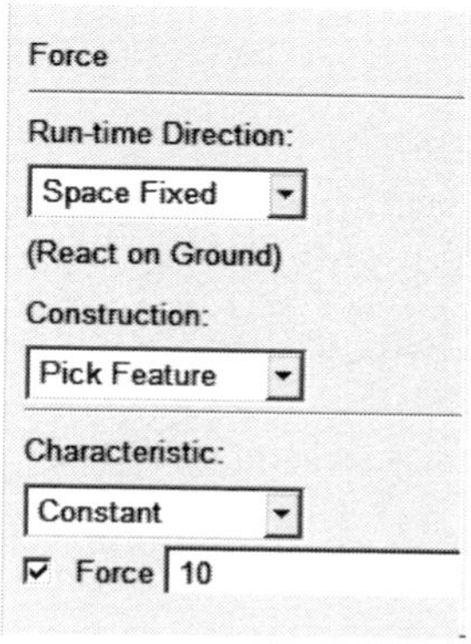

图 7 - 19　设置单向力信息

图 7 - 20　设置驱动参数

各项参数设置好以后，单击仿真按钮，后处理得到末端工具 TCP 点的位置、速度和驱动关节转动角速度，如图 7 - 21 ~ 图 7 - 23 所示。

由于是单向力验证，可以从图 7 - 21 中看出执行工具受 x 轴单向力的牵引在 x 轴负方向移动，在 y、z 轴方向几乎没有变化，从而证明位置变化与外力方向的一致性；从图 7 - 22 中得出，末端工具沿 x 轴方向的速度随时间呈现递增趋势，y 轴方向的速度呈小范围波动，z 轴速度为 0，速度变化也与受力方向保持一致；由图 7 - 23 可以看出，驱动关节的角速度变化，大臂逆时针旋转，角速度为正值，臂肘和腕摆顺时针旋转，角速度为负值，与设想力控制相吻合。

同理，对力矩进行同样设置，在载荷模型选项栏选择单向力矩 ⟳，设力

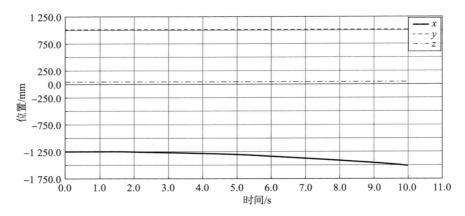

图 7－21　工具位置变化曲线图

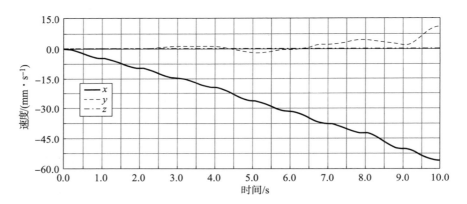

图 7－22　工具速度变化曲线图

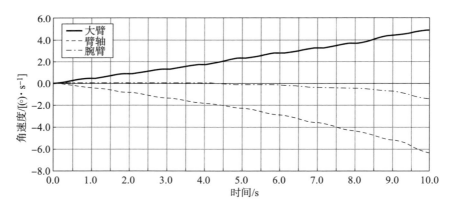

图 7－23　各关节、转动角速度变化曲线图

矩输入值为 $0.5\ N\cdot m$，接下来在图形区域选择工具作用点（执行工具重心点）和力矩的方向（绕 z 轴的负方向），设置关节驱动函数。仿真运行结束，后处理得到末端工具 TCP 点的位置、速度和驱动关节转动角速度，如图 7 – 24 ~ 图 7 – 26 所示。

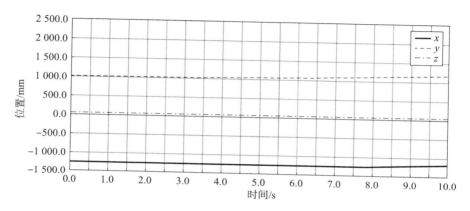

图 7 – 24 受力矩作用的工具位置变化曲线图

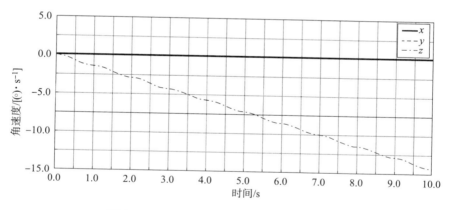

图 7 – 25 受力矩作用的工具角速度变化曲线图

经过仿真分析可以从图 7 – 24 ~ 图 7 – 26 中得出以下结论：本次实验是绕 z 轴负方向施加力矩，故执行工具末端位置在 z 轴方向保持不变，x、y 轴方向有略微变化；可以明显看出工具角速度在 z 轴负方向随时间递增，x、y 轴方向速度为零，和预测外力矩所引起的变化相吻合；各关节速度变化曲线很直观地显示了关节角速度随时间变化的趋势，大臂数值为正，逆时针旋转，其他两关节轴数值为负，顺时针旋转，和预计运动变化一致。因此，该运动控制算法对于机器人示教有一定的参考价值。

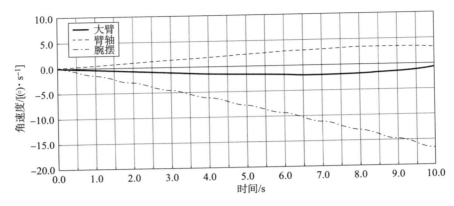

图 7 - 26　受力矩作用的各关节角速度变化曲线图

|7.4　力觉示教通信连接与编程设计|

　　力觉示教控制系统的实现需要合理的通信连接，六维力传感器检测到执行器末端力/力矩信息，由数据采集仪接收信号，传递到上位机进行数据分析整理，最后导入机器人控制系统，实现主动柔顺控制。

7.4.1　力觉示教通信配置及 RAPID 语言基本结构

　　通过以太网完成通信连接，以太网通信的优势：

　　（1）机器人力反馈控制过程是一个数据实时传输的过程，此时需要有良好的通信作为控制基础，而以太网正是具有高传输速率的优势，目前可达100 Mb/s，能够很好地进行数据传输，减少控制误差，提高机器人反应能力。

　　（2）以太网作为当今最普遍的计算机局域网技术，容纳性比较高，很多产品都具有相同的通信协议，Ethernet 和 TCP/IP 很容易实现集成连接，和机器人控制系统连接的可靠性比较高，安全控制系数大大提高。

　　（3）目前比较流行的工业以太网协议就是建立在以太网和 TCP/IP 协议之上，能够很好地协调传输实时数据，还可以资源共享，通过网页浏览器就能监控设备运行情况，减少人员支出，节约生产成本。这和机器人"低成本、高收益"的生产理念相一致。

　　智能化机器人控制必然与网络密切相关，示教是一个独立的控制系统，并不能够实现对机械臂的直接控制，真正驱动机械臂运动的是机器人主控制器，为了控制端能够响应示教命令，两者之间必须建立一个通信连接。上位机与下位机的通信连接需要同属一个网络，机器人 IP 地址的前三段要与 PC 端保持一致，最后一段要与 PC 端有所不同，子网掩码和网关应该与 PC 端保持一致。

为保证示教系统与控制器之间能够有序、稳定的传输数据，必须在两者中间建立它们的通信协议。在 PC 端 c#中调用套接字来建立通信服务器，实现 PC 端与机器人通信的程序如下：

```
public override void SendFileInfos()
    {
    Socket hSocketID = null;  //创建套接字
    IPAddress ip = IPAddress.Parse("192.168.1.1");
    //网际协议 (IP) 地址
    IPEndPoint ipe = new IPEndPoint(ip, 23);
    //网络端点表示为 IP 地址和端口号
        hSocketID = new Socket(AddressFamily.InterNetwork, Sock-
        etType.Stream, 0);  //指定建立套接字类型、协议和地址族
        hSocketID.SendTimeout = 5000;
        //配置发送数据超时的时间长度,默认是 0,表示无限大
        hSocketID.ReceiveTimeout = 8000;
        //配置通信请求超时的时间长度,默认是 0,表示无限大
        hSocketID.Connect(ipe);  //建立与远程主机的连接
        byte[] buf = new byte[256];  //通信包有效数据长度
        int packetSize = get_rcstat.Length + PACKET_CTRL_BYTES;
        //设置封包长度
        hSocketID.Send(buf, packetSize, 0);  //发送通信请求指令
        int rc = hSocketID.Receive(buf, 100, 0);
        //接收许可信号指令
        string[] fileInfos = Directory.GetFiles(@"C:\KOBELCO\
        STModels\Execute");  //获取要发送给机器人控制器文件信息
        foreach (var path in fileInfos)  //循环要发送文件集合
        {
          using (FileStream sr = new FileStream(@"C:\KOBELCO\ST-
          Models\Execute\" + path, FileMode.Open))
          //读取文件数据
            {
```

```
    byte[ ] sendBuf = new byte[ sr.Length];
    //设定发送数据包长度
    sr.Read(sendBuf, 0, sendBuf.Length);   //打包文件数据
    hSocketID.Send(sendBuf, packetSize, 0);
    //将打包数据发送给机器人控制器
  }
}
    hSocketID.Close();   //发送完成,关闭通信
}
```

通过创建 SocketConnect，完成 PC 端与机器人的通信连接，此处主要用于向机器人控制系统反馈由力传感器检测到的力/力矩信息，通过控制算法求得机器人末端执行工具的位置，发送到机器人自身的编程环境，使用 RAPID 语言完成轨迹编程，实现机器人的力觉示教功能。

RAPID 语言的程序数据的存储类型有三种：变量 VAR、可变量 PERS、常量 CONST。每种存储类型都有自己的特点，根据不同场合选用合适的存储，其中程序正在运行过程中或者程序中途暂停时，VAR 能够保持存储值不变，但如果程序光标复位或者机器人控制器重启，变量数值就会丢失当前值，恢复为初始赋予值；PERS 型数据的最大特点是无论程序指针如何变动，总会保留最后所赋予的值；常量型数据是在编程阶段人为赋予的值，一经确定，便无法在程序运行中进行修改。

RAPID 程序语言根据不同的数据用途，定义了不同的程序数据，主要有基本数据、组合数据。

1）基本数据

基本数据是编程语言中的基础单元，通用性很强，往往都是不可拆分的一个整体，应用很广泛。主要分为以下三种：

（1）数值数据 num：和其他编程语言中的数值型数据的表达几乎一致，是对具体数字的一种编辑存储方式，能够组合成多功能的复合型数据。

（2）逻辑值数据 bool：bool 数据多用于逻辑判断场合，是对程序语句"真"或"假"的一种判定方式，常用的表达符号是"false"和"true"。

（3）字符串型数据 string：字符串型数据顾名思义是对具体字符的一种表达，主要用来进行程序注释或者程序名称的书写。对字符长度有限制，不能超过 80 个字节，同时必须有双引号（""）括弧字符内容，否则程序被认定错误编辑。

2）组合数据

组合数据则是根据不同应用场合由基本数据组合而来，种类繁多，功能强大，能够满足各种操作，兼容性比较强，这里介绍几款机器人常用组合数据：

（1）位置数据 robtarget：用于存储工业机器人和附加轴的位置数据。

（2）速度数据 speeddata：用于存储工业机器人和附加轴的速度数据，包括工具中心点速度、工具重定位速度、外轴旋转速度。

（3）转角区域数据 zonedata：用于一个位置的结束方式，也就是在开始下一个移动之前，如何尽可能接近编程位置。

RAPID 编程语言的程序与其他计算机语言的编程规则大同小异，都是按照一定的先后顺序逐条执行。在执行程序过程中也会调用其他子程序，存在优先级，当子程序执行完毕会返回到主程序继续往下执行。机器人智能运动主要靠这些基础的程序编程指令完成具体的轨迹控制，其中最常用的控制指令有运动和条件逻辑判断两种指令。

1）运动指令

关节运动（MoveJ）：该指令适用于机器人大范围运动，只对运动的起点和终点位置进行控制，能够快速到达目标点位置，中间的路径具有不确定性，可用于对路径精度要求不高的场合。由于各关节自动配置驱动，只为到达目标点，不用考虑轨迹路线问题，故也不会出现机械死点情况，多用于快速进/退刀。

TCP 线性运动（MoveL）：机器人 TCP 点在执行 MoveL 命令时，其轨迹运动是呈线性的。起点与终点之间的路径始终保持直线，运动轨迹确定，一般用于焊接、胶涂等对路径轨迹要求不高的场合。

TCP 圆弧运动（MoveC）：面对有弧度的轨迹路线，机器人需要执行 MoveC 命令，根据三点画圆的原理确定三个坐标点（起点、终点和曲率点），实现圆弧轨迹运动，该指令能够用于精确轨迹的控制。

绝对位置运动（MoveAbsJ）：绝对位置控制属于精确控制指令，通过机器人的 6 个轴和外轴的具体转动角度锁定目标点位置。

2）条件逻辑判断指令

逻辑判断指令包括紧凑型条件判断指令（Compact IF）、IF 条件判断指令、重复执行判断指令（FOR）、WHILE 条件判断指令。

7.4.2　力觉示教编程设计及仿真

ABB 机器人公司有自己研发的 robotstudio 离线仿真软件，此次编程可以依托该软件建立编程环境。打开 robotstudio 软件，如图 7 - 27 所示，最上方为菜单栏，左侧为工具下拉菜单，中间部分是创建新工作站以及 RAPID 模块，如

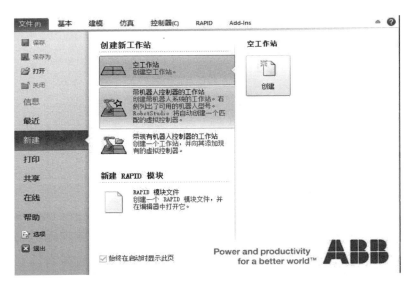

图 7 - 27　robotstudio 显示界面

果没有模拟仿真，可以直接新建一个 RAPID 模块文件，并在其中编辑语言。

在正式开始机器人运动编程时，必须建立机器人编程环境，在 robotstudio 中新建空工作站，从机器人模型库选取 IRB2600 机器人，导入操作界面，单击"建模"菜单栏，构建本次实验所需要的矩形体，如图 7 - 28 所示。

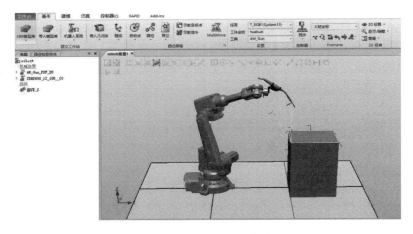

图 7 - 28　建立工具模型

单击"机器人系统"菜单栏下的从布局，激活机器人控制器，相当于接通机器人控制电源，接下来完成相应参数的设置，即机器人末端工具数据、工件坐标和有效载荷，这是编程前的必要准备工作。

首先对末端工具进行设置，包括工具中心点坐标系 trans、工具质量 mass、工具负载的重心 cog，本次力觉示教实验的工具负载包括六维力传感器，故重心位置应该是工具和力传感器的共同重心点，具体设置如图7-29所示。

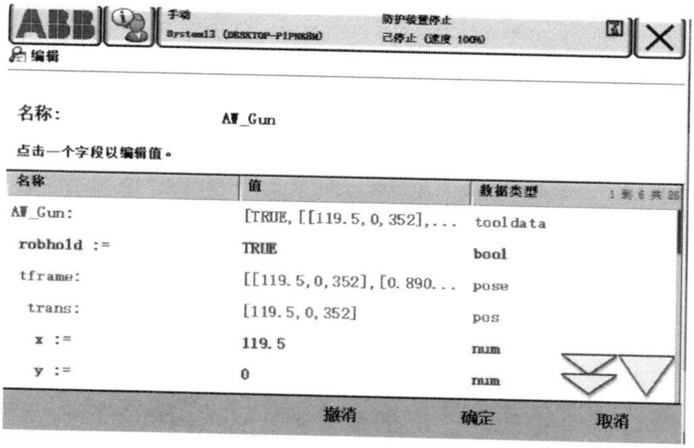

图7-29　工具参数设置界面

根据7.3中的控制算法，在机器人 x 正方向施加一个力，可以求得在这个方向位移，对工业机器人的位置和工具的姿态进行偏移，获取该坐标点位置，记为 Target_110，依次沿 y 轴正方向，x 轴负方向，y 轴负方向完成一个简单矩形路径，分别在四个角点记录下坐标位置，将坐标数据导入到程序模块，如图7-30所示。

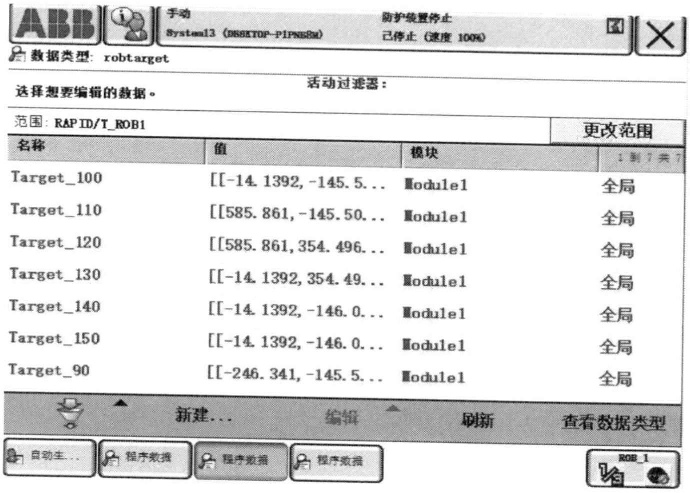

图7-30　程序数据编辑

　　整个程序模块主要分为，I/O 通信程序模块、运动设定模块、运动控制模块，运动轨迹和姿态信息都编辑其中，也是数据存储最大的模块；I/O 模块主要编辑各种控制信号，包括辅助设备夹紧/放松，转速以及定时操作等；运动设定模块往往是机器人末端运动轨迹的目标点以及一些常量、变量的设定；TCP 模块主要编辑工具与工件位置关系，确保轨迹运动的同时，避免发生干涉、碰撞。下面简单介绍各模块程序：

　　1）I/O 通信模块程序

MODULESJ_IO	"SJ_IO"模块（通信主程序名）
PROCrMotorOn1	"rMotorOn1"子程序名称
Reset DO1；	将"DO1"数字输出信号置为 0
Reset DO2	
RESET DO3	
RESET DO4	
Set DO1	将"DO1"数字输出信号置为 1
WaitTime 1.5	等待 1.5 s
ENDPROC	结束子程序

　　2）运动设定模块程序

MODULE CalibData　　　　"CalibData"模块（运动设定主程序名）

TASK PERS tooldata

tool1：= ［ TRUE，［［ 119.5，0，352 ］，［ 0.890213743，0，0.455543074，0］］，

　　［1，[0,0,100]，[1,0,0,0]，0,0,0]］；

可变量：工具数据

工具 1 的空间坐标位置

CONST robtarget

Target＿100：= ［［ - 14.13919014，- 145.50415822，300.000048901］，

　　[0.267741123,0.001032016,0.96327496,0.020370992]，

　　［ -1,1,2,0］，[［9E9，9E9，9E9，9E9，9E9，9E9］］；

常量：机器人运动目标位置数据

　　...

PERS wobjdata

huakuai：= ［ FALSE，TRUE，""，［［1006.2032470，188.491753349，500］，

[1,0,0,0]],[[0,0,0],[1,0,0,0]]];

可变量:工件坐标数据

工件的空间坐标位置

3) 运动控制模块程序

MODULE MainModule　　　　　　　　　"MainModule"(主程序模块)

CONST robtarget

Phome:=[[-246.34061681, -145.504138554,735.111933786],

[0.26774114,0.001032027,0.963274955,0.020371009],[-1,

0,3,0],

[9E9,9E9,9E9,9E9,9E9,9E9]];"Phome"安全位置

...

PROC main()　　　　　　　　　　　　"main()"子程序

PathAccLim TRUE\AccMax:=0.5,TRUE\DecelMax:=0.5;

AccSet 100,20;

记录机器人最大最小加速度

定义机器人加速度

...

PROC rbelt5()　　　　　　　　　　　"rbelt()"子程序

VelSet 25,2000;　　　　　　　　　　设定最大速度与倍率

MoveL Pbelt10050,v1000,z50,TCP1;运动轨迹指令

...

SingArea\wrist;　　　　　　　　　　设定运动时奇异点进给方式

...

ENDPROC

当程序编辑完成之后,单击菜单栏下的仿真"播放"虚拟按键,如图 7-31 所示。

可以看到机器人末端工具按照既定的外力作用,沿工件的 x 轴正向移动,工具运行到工件末端位置时,又受 y 轴正向牵引力继续轨迹运动,直到走完整个矩形轨迹,回到工作原点,示教再现任务完成,仿真结束。

图 7 - 31　矩形路径示教运动

|7.5　本章小结|

本章利用 D - H 连杆参数描述法推导了 IRB2600 机器人运动学正逆解，并搭建了力觉示教的硬件系统，对整个机器人工作原理和整体结构做出阐述。其次，推导机器人力觉示教运动控制算法，为了减少测量误差和运动偏差，对末端工具进行重力补偿，保证六维力传感器的测量精度，推导力作用下的机器人反馈控制算法，能够根据力觉变化完成轨迹运动，实现力觉示教反馈控制的目的。最后设计机器人运动控制编程，依托于 ABB 机器人自身的 RAPID 的编程语言，完成机器人与 PC 端的通信连接，保证算法数据能够实时传输到机器人控制系统。最后以具体的运动指令驱动机器人按照算法控制方向完成机器人轨迹运动。仿真结果验证了本章理论推导的正确性和可行性。

结　论

　　六维力传感器作为能够全面检测空间力/力矩信息的智能传感器，在高新技术产业中有着迫切的需求。为提高六维力传感器的实用性，进一步满足高新技术领域对其技术需求，在分析和借鉴了前人研究经验与成果之后，提出了一种正交并联六维力传感器，并对其进行了深入的理论分析和实验研究。总结研究工作的结果主要有以下几点：

　　（1）应用螺旋理论建立了广义并联六维力传感器数学模型，推导了多分支并联结构六维力传感器静力平衡方程求解方法。对模型分析后提出了六分支、八分支两种结构的正交并联六维力传感器并建立了这两种传感器的数学模型，对其静力平衡方程进行了求解，最终确定了六维力与测量分支反作用力之间的映射关系。

　　（2）在分析各向同性优化方法的局限性后，面向六维力传感器实际应用中的测量需求，提出了六维力传感器结构的工况函数模型；根据工况函数模型，以测量分支量程最小为优化目标，设计了可用于并联结构六维力传感器的参数优化方法，通过算例验证了该方法的可行性，并最终得到了传感器结构以及分支量程。

　　（3）设计了一种用于六维力传感器的在线静态标定加载方法，推导了六维力传感器的静态标定算法，该方法避免了二次安装带来的误差，从而提高了传感器的实际测量精度；基于 LabVIEW 设计并开发了静态标定软件，实现了标定过程中数据的采集与最小二乘处理、六维力测量及实时显示等功能。根据优化结果研制了正交并联六维力传感器样机，搭建了传感器在线静态标定系统，并进行了静态标定实验，得到了样机的线性度矩阵。实验结果表明样机能够实现六维力的实时测量与显示，并且能够获得较好的测量精度。

（4）对正交并联六维力传感器进行了动态特性分析与实验研究。建立了正交并联六维力传感器动力学模型，推导并求解运动微分方程，得到了六维力传感器各方向固有频率的理论数值与仿真数值。采用脉冲响应法对六维力传感器进行了动态特性实验，得到了六维力传感器各方向固有频率的实验数值与频率响应曲线，实验结果表明，六维力传感器前六阶固有频率的理论数值和实验数值相近，从而验证了传感器动态特性理论分析的正确性。

（5）完成标定实验之后对正交并联六维力传感器进行静/动态解耦研究。介绍 ICA 的理论分析，将标定得到的并联六维力传感器的输出向量进行了预处理，利用 MATLAB 的 SIMULINK 仿真功能得到传感器的输出信号，然后运用传统动态解耦方法对传感器各个通道解耦进行仿真并得到波形图，再将传统的解耦的仿真数据进行新方法的动态解耦处理，对比分析表明提出的 ICA 方法对六维力传感器进行静/动态解耦效果更优。

（6）利用 D－H 连杆参数描述法建立了机器人运动学模型，搭建了力觉示教的硬件系统，阐述了整个机器人工作原理和整体结构。推导机器人力觉示教运动控制算法，为了减少测量误差和运动偏差，对末端工具进行重力补偿，保证六维力传感器的测量精度。并依托于 ABB 机器人自身的 RAPID 编程语言，完成机器人与 PC 端的通信连接，保证算法数据能够实时传输到机器人控制系统。最后以具体的运动指令驱动机器人按照算法控制方向完成机器人轨迹运动。

研究成果为提高正交并联六维力传感器的发展以及在各领域的应用提供了一定的理论和实验依据，并在一定程度上为机器人示教技术拓展了新的示教思路，使机器人在智能化发展的道路上走得更宽、更远。

参考文献

［1］罗志增，蒋静坪．机器人感觉与多信息融合［M］．北京：机械工业出版社，2002：1－9.

［2］高国富，谢少荣，罗均．机器人传感器及其应用［M］．北京：化学工业出版社，2005：38－39.

［3］秦海峰，曹亦庆．多分量测力仪的研究［J］．新技术新仪器，2007，27（1）：14－16.

［4］曾庆钊，严振祥．一种新型车轮六维力传感器［J］．仪表技术与传感器，1997，（10）：7－10.

［5］宋国民，张为公，秦文虎，等．基于车轮力传感器的汽车制动测试系统开发及应用［J］．测控技术，2001，20（7）：7－9.

［6］SEIBOLD U，KUEBLER B，HIRZINGER G. Medical Robotics，Chapter Prototypic force Feedback Instrument for Minimally Invasive Robotic Surgery［M］．In：Bozovic，Vanja［Hrsg．］：Medical Robotics，I－Tech Education and Publishing，Vienna，Austria，2008：377－400.

［7］UCHIYAMA M，BAYO E，PALMA－VILLALON E. A Systematic Design Procedure to Minimize a Performance Index for Robot Force Sensors［J］．Trans. ASME，Journal of Dynamic Systems，Measurement，and Control，1991，113（1）：388－394.

［8］BAYO E，STUBBE J R. Six-axis Force Sensor Evaluation and a new Type of

Optimal Frame Truss Design for Robotic Applications ［J］. Journal of Robotic Systems, 1989, 6 (2): 191 – 208.

［9］ LIU W, LI Y J, JIA Z Y, et al. Research on Parallel Load Sharing Principle of Piezoelectric Six-dimensional Heavy Force/torque Sensor ［J］. Mechanical Systems and Signal Processing, 2011, 25: 331 – 343.

［10］ WEI S, STEPHEN D H. A novel Six-axis Force Sensor for Measuring the Loading of the Racing Tyre on Track ［C］. 1st International Conference on Sensing Technology, Palmerston North, New Zealand, November 21 – 23, 2005: 408 – 413.

［11］ KANG C G. Performance Improvement of a 6 – Axis Force-torque Sensor via Novel Electronics and Cross-shaped Double-hole Structure ［J］. International Journal of Control, Automation, and Systems, 2005, 3 (3): 469 – 476.

［12］ KIM S. Design of a Six-axis Wrist Force/moment Sensor Using FEM and its Fabrication for an Intelligent Robot ［J］. Sensors and Actuators A: Physical, 2007, 133 (1): 27 – 34.

［13］ KIM S, SHIN H J, YOON J. Development of 6 – axis Force/moment Sensor for a Humanoid Robot's Intelligent Foot ［J］. Sensors and Actuators A, Physical, 2008, 141 (2): 276 – 281.

［14］ G. PALLI, L. MORIELLO, U. SCARCIA, C. Melchiorri. Development of an optoelectronic 6 – axis force/torque sensor for robotic applications ［J］. Sensors and Actuators A, 220 (2014): 333 – 346.

［15］ G. PALLI, L. MORIELLO and C. Melchiorri. Performance and Sealing Material Evaluation in 6 – axis Force-Torque Sensors for Underwater Robotics ［J］. IFAC – PapersOnLine, 48 – 2 (2015): 177 – 182.

［16］葛运建. 多维力传感器的研究现状 ［J］. 机器人情报, 1993, 2: 27 – 30.

［17］王志军. 双层预紧式六维力传感器基础理论与应用研究 ［D］. 秦皇岛: 燕山大学机械电子工程学科博士学位论文, 2012, 7: 33.

［18］韩玉林, 贾春. 正交串联弹性体式六维力传感器 ［P］. 中国发明专利: 200810025591.2, 2008 – 04 – 29.

［19］茅晨, 宋爱国, 马俊青. 新型六维腕力传感器 ［J］. 南京信息工程大学学报, 2011, 3 (5): 402 – 407.

［20］ LI Y J, ZHANG J, JIA Z Y, et al. Research on Force-sensing Element's Spatial Arrangement of Piezoelectric Six-component Force/torque Sensor ［J］. Mechanical Systems and Signal Processing, 2009, 23: 2687 – 2698.

[21] LI Y J, SUN B Y, ZHANG J, et al. A Novel Parallel Piezoelectric Six-axis Heavy Force/torque Sensor [J]. Measurement, 2009, 42: 730 – 736.

[22] LI Y J, ZHANG J, JIA Z Y, et al. A Novel Piezoelectric 6 – component Heavy Force/moment Sensor for Huge Heavy-load Manipulator's Gripper [J]. Mechanical Systems and Signal Processing, 2009, 23: 1644 – 1651.

[23] 张军,李寒光,李映君,等. 压电式轴上六维力传感器的研制 [J]. 仪器仪表学报, 2010, 31 (1): 73 – 77.

[24] 贾振元,李映君,张军,等. 并联式轴用压电六维力/力矩传感器 [J]. 机械工程学报, 2010, 46 (11): 62 – 68.

[25] 房庆华,张军,李映君等. 轴用压电式六维大力值测力仪分载研究 [J]. 仪器仪表学报, 2011, 32 (2): 439 – 444.

[26] MERLET J P. Parallel Robots (Second Edition II) [M]. Berlin: Springer, 2006: 265 – 266.

[27] DWARRAKANATH T A, DASGUPTA B, MRUTHYUNJAYA. T S. Design and Development of Stewart Platform Based Force-torque Sensor [J]. Mechatronics, 2001, 11 (7): 793 – 809.

[28] DWARAKANATH T A, VENKATESH D. Simply Supported, ' Joint less ' Parallel Mechanism Based Force-torques Sensor [J]. Mechatronics, 2006, 16 (9): 565 – 575.

[29] DWARAKANATH T A, BHUTANI G. Beam Type Hexapod Structure Based Six Component Force-torque Sensor [J]. Mechatronics, 2011, 21: 1279 – 1287.

[30] RANGANATH R, NAIR P S, MRUTHYUNJAYA T S, et al. A Force-torque Sensor Based on a Stewart Platform in a Near-singular Configuration [J]. Mechanism and Machine Theory, 2004, 39 (9): 971 – 998.

[31] KROUGLICOF N, ALONSO L, KEAT W D. Development of a Mechanically Coupled, Six degree-of-freedom Load Platform for Biomechanics and Sports Medicine [C]. IEEE International Conference on Systems, Man and Cybernetics, Hague, Netherlands, 2004: 4426 – 4431.

[32] GAO Z, ZHANG D. Design, Analysis and Fabrication of a Multidimensional Acceleration Sensor Based on Fully Decoupled Compliant Parallel Mechanism [J]. Sensors and Actuators A: Physical, 2010, 163: 418 – 427.

[33] MURA A. Six d. o. f. Displacement Measuring Device Based on a Modified

Stewart Platform ［J］. Mechatronics，2011，21：1309 – 1316.

［34］ 熊有伦. 机器人力传感器的各向同性 ［J］. 自动化学报，1996，22 （1）：10 – 18.

［35］ 王航，姚建涛，侯雨雷，等. 面向任务的并联结构六维力传感器设计 ［J］. 机械工程学报，2011，47 （11）：7 – 13.

［36］ ZHAO Y S，HOU Y L，YAN Z W，et al. Research and Design of a Pre-Stressed Six-Component Force/Torque Sensor Based on the Stewart Platform ［C］. Proceedings of IDETC/CIE 2005，ASME，California，USA，September 24 – 28，2005，7B：573 – 581.

［37］ 侯雨雷. 超静定并联式六维力与力矩传感器基础理论与实验研究 ［D］. 秦皇岛：燕山大学机械电子工程学科博士学位论文，2007：14 – 16；100 – 111.

［38］ 赵延治，鲁超，赵铁石. 一种新型过约束 12 – SS 并联六维力传感器的数学模型与仿真计算 ［J］. 新型工业化，2013，9 （3）：64 – 72.

［39］ 刘砚涛，郭冰，尹伟. 六维力传感器静态标定及解耦研究 ［J］. 强度与环境. 2013，40 （1）：44 – 49.

［40］ LIANG Q K，ZHANG D，SONG Q J，et al. Design and Fabrication of a Six-dimensional Wrist Force/torque Sensor Based on E-type Membranes Compared to Cross Beams ［J］. Measurement，2010，43：1702 – 1719.

［41］ JIA Z Y，LIN S，LIU W. Measurement Method of Six-axis Load Sharing Based on the Stewart Platform ［J］. Measurement，2010，43：329 – 335.

［42］ 李伟. 基于神经网络的间接输出型车轮六维力传感器研究 ［D］. 武汉：武汉理工大学电工理论与新技术学科硕士学位论文，2013.

［43］ DAN FengChen，AI GuoSong，ANG LI. Design and Calibration of a Six-axis Force/torque Sensor with Large Measurement Range Used for the Space Manipulator ［J］. Procedia Engineering，2015 （99）：1164 – 1170.

［44］ 宋伟. 六维力传感器优化设计及静动态特性研究 ［D］. 淮南：安徽理工大学，2010.

［45］ R. RANGANATH，P. S. NAIR，T. S. MRUTHYUNJAYA，A. GHOSAL. A Force-torque Sensor Based on a Stewart Platform in a Near-singular Configuration. Mechanism and Machine Theory，2004，39 （9）：970 – 997.

［46］ U. SEIBOLD，B. KUEBLER，G. PLIRZINGER. Medical Robotics，Chapter Prototypic Force Feedback Instrument for Minimally Invasive Robotic Surgery. In：Bozovic，Vanja ［I4rsg］：Medical Robotics，I – Tech Education and

Publishing, Vienna, Austria, 2008: 375 – 401.

[47] NICHOLAS KROUGLICOF, LUISA M. ALONSO, and WILLIAM D. KEAT. Development of a Mechanically Coupled, Six degree-of-freedom Load Platform for Biomechanics and Sports Medicine. IEEE International Conference on Systems, Man and Cybernetics, I4ague, Netherlands, 2004: 4424 – 4430.

[48] 董跃龙. 六维力传感器动态解耦方法的研究 [D]. 芜湖: 安徽工程大学, 2015: 1 – 4.

[49] 李国勇. 智能控制及其 MATLAB 实现 [M]. 北京: 电子工业出版社, 2015: 19 – 22.

[50] 徐科军, 殷铭, 张颖. 腕力传感器的一种动态解耦方法 [J]. 应用科学学报, 1999, 17 (1): 38 – 43.

[51] 宋国民, 张为公, 翟羽健. 基于对角优势矩阵的传感器动态解耦研究 [J]. 仪器仪表学报, 2012, 22 (4): 164 – 166.

[52] 刘秀芳, 艾延廷, 张成. 基于独立成分分析的航空发动机振动信号盲源分离团 [J]. 沈阳航空工业学院学报, 2008, 25 (5): 21 – 23.

[53] 俞阿龙. 基于遗传小波神经网络的机器人腕力传感器动态补偿研究 [J]. 电气自动化, 2014, 31 (5): 13 – 21.

[54] BARON L, ANGELES J. The Kinematic Decoupling of Parallel Manipulators Using Joint-sensor Data [J]. IEEE Transactions on Robotics and Automation, 2000, 16 (6): 643 – 649.

[55] HAYWARD V, NEMRI C, CHEN XIANZE, et al. Kinematic Decoupling in Mechanisms and Application to a Passive Hand Controller Design [J]. Journal of Robotic System, 1993, 10 (5): 765 – 791.

[56] 王宪平, 戴一帆, 李圣怡. 一般机构的解耦运动 [J]. 国防科学技术大学学报, 2002, 24 (2): 86 – 89.

[57] 张建军, 高峰, 金振林, 等. 结构解耦 6 – PSS 并联微操作平台的研究与开发 [J]. 中国机械工程, 2004, 15 (1): 2 – 5.

[58] 朱兴龙, 周骥平. 运动解耦机理分析与解耦关节设计 [J]. 中国机械工程, 2005, 16 (8): 675 – 678.

[59] 宫金良, 张彦斐, 高峰. 并联机构的解耦特性 [J]. 中国机械工程, 2006, 17 (14): 1509 – 1513.

[60] 沈惠平, 熊坤, 孟庆梅, 等. 并联机构运动解耦设计方法与应用研究 [J]. 农业机械学报, 2016, 47 (6): 350 – 354.

[61] 高峰, 金振林, 刘辛军, 等. 并联解耦结构六维力与力矩传感器 [J]. 中

国专利：99119320. 2，2000 – 09 – 27.

［62］贺静，王志军，崔冰艳，李占贤. 正交并联六维力传感器数学模型及参数优化［J］. 机械设计与制造，2019（05）：257 – 260.

［63］李占贤，韩静如，王志军，崔冰艳. 机器人力觉示教的力控制及仿真分析［J］. 机械设计与制造，2019（02）：246 – 248 + 252.

［64］王志军，韩静如，李占贤，刘立伟. 机器人运动中六维力传感器的重力补偿研究［J］. 机械设计与制造，2018（07）：252 – 255.

［65］李化，王志军，贺静. 正交并联六维力传感器结构性能及参数优化［J］. 机械工程与自动化，2018（03）：35 – 37.

［66］吕亭强，罗庆生，姚猛. 工业码垛机器人示教技术的研究与改进［J］. 计算机测量与控制，2011，19（4）：950 – 953.

［67］兰虎，陶祖伟，段宏伟. 弧焊机器人示教编程技术［J］. 实验室研究与探索，2011，30（9）：46 – 49.

［68］印松，童梁，陈竞新，等. 基于 SolidWorks 的机器人离线示教方法［J］. 上海电机学院学报，2012，15（2）：111 – 114.

［69］刘昆，李世中，王宝祥. 基于 UR 机器人的直接示教系统研究［J］. 科学技术与工程，2015，15（28）：22 – 26.

［70］KIM Y L，AHN K H，SONG J B. Direct teaching algorithm based on task assistance for machine tending［C］// International Conference on Ubiquitous Robots & Ambient Intelligence. IEEE，2016.

［71］CHOI T Y，DO H，KYUNG J H，et al. Control of 6DOF articulated robot with the direct-teaching function using EtherCAT.［C］// Ro-man. IEEE，2013.

［72］李林锋. 多轴机器人直接示教控制技术研究［D］. 南京：南京航空航天大学，2016.

［73］张爱红，张秋菊. 机器人示教编程方法［J］. 组合机床与自动化加工技术，2003（4）：47 – 49.

［74］张连新. 基于多智能体技术的机器人遥控焊接系统研究［D］. 哈尔滨：哈尔滨工业大学，2006.

［75］KUSHIDA D，NAKAMURA M，GOTO S，et al. Human direct teaching of industrial articulated robot arms based on force-free control［J］. Artificial Life & Robotics，2001，5（1）：26 – 32.

［76］崔茂源. 基于虚拟现实技术与监控理论的机器人示教系统研究［D］. 长春：吉林大学，2004.

［77］高世一，赵明扬，张雷，等. 基于视觉的焊接机器人曲线焊缝跟踪研究

[J]. 仪器仪表学报, 2007, 28（S）: 774 – 776.

[78] 张杰峰, 刘传胜. 离线编程示教的工业机器人教学研究 [J]. 装备制造技术, 2014（10）: 222 – 224.

[79] 林义忠, 刘庆国, 徐俊, 等. 工业机器人离线编程系统研究现状与发展趋势 [J]. 机电一体化, 2015, 21（7）: 8 – 10.

[80] YUAN C, LUO L P, SHIN K S, et al. Design and analysis of a 6 – DOF force/torque sensor for human gait analysis [C]// International Conference on Control, Automation and Systems. IEEE, 2014: 1788 – 1793.

[81] LEE S H, LI C J, KIM D H, et al. The direct teaching and playback method for robotic deburring system using the adaptiveforce-control [C]// IEEE International Symposium on Assembly & Manufacturing. IEEE, 2010.

[82] LEE S, SONG C, KIM K. Design of robot direct-teaching tools in contact with hard surface [C] // IEEE International Symposium on Assembly & Manufacturing. IEEE, 2009.

[83] MYERS D R, PRITCHARD M J, Brown M D J. Automated programming of an industrial robot through teach-by showing [C] // IEEE International Conference on Robotics & Automation. IEEE, 2001.

[84] ABB 最新解决方案亮相工博会 [J]. 金属加工: 热加工, 2017（22）: 23 – 23.

[85] 王田苗, 陶永. 我国工业机器人技术现状与产业化发展战略 [J]. 机械工程学报, 2014, 50（9）: 1 – 13.

[86] 孙英飞, 罗爱华. 我国工业机器人发展研究 [J]. 科学技术与工程, 2012, 12（12）: 2912 – 2918.

[87] 陈韶飞. 我国工业机器人发展问题分析及对策研究 [J]. 科技创新与应用, 2015（31）: 81 – 81.

[88] 徐家琪, 龙建勇, 孙炜, 王耀南, 梁桥康. 基于 RF – GA 的六维力传感器解耦方法 [J/OL]. 测控技术: 1 – 9 [2019 – 12 – 29]. https://doi. org/10. 19708/j. ckjs. 2019. 11. 220.

[89] 顾正祥, 陈丽君, 潘辉. 压电式轴上六维力传感器 [J]. 电子技术与软件工程, 2019（23）: 225 – 226.

[90] 殷铭, 徐科军. 多维力传感器动态特性研究中的一种新方法 [J]. 传感器与微系统, 1999（6）: 4 – 7.

[91] 张铁, 肖蒙, 邹焱飚, 肖佳栋. 基于强化学习的机器人曲面恒力跟踪研究 [J]. 浙江大学学报（工学版）, 2019, 53（10）: 1865 – 1873 +

1882.

［92］ 徐淑英. ABB 机器人的码垛控制系统设计［J］. 电子测试，2019（18）：9－10＋56.

［93］ 任宗金，刘帅，张军，赵毅. 三向力作用下石英晶块应力分布及力传感研究［J］. 压电与声光，2019，41（05）：661－665.

［94］ 韩康，陈立恒，李行，夏明一，吴清文. 高灵敏度大量程六维力传感器设计［J］. 仪器仪表学报，2019，40（09）：61－69.

［95］ SEIBOLD U，KUEBLER B，HIRZINGER G. Medical Robotics，Chapter Prototypic force Feedback Instrument for Minimally Invasive Robotic Surgery ［M］. In：Bozovic，Vanja［Hrsg.］：Medical Robotics，I－Tech Education and Publishing，Vienna，Austria，2008：377－400.

［96］ JACQA C，LUTHI B，MAEDER T，et al. Thick-film Multi-DOF Force/torque Sensor for Wrist Rehabilitation［J］. Sensors and actuators A：physical，2010，162：361－366.

［97］ LOPES A，ALMEIDA F. A Force-impedance Controlled Industrial Robot Using an Active Robotic Auxiliary Device［J］. Robotics and Computer-Integrated Manufacturing，2008，24：300－308.

［98］ 王全玉，王晓东. 机器人柔性腕力传感器及其检测系统［J］. 传感器技术，2004，23（6）：30－33.

［99］ 李彦明，刘成良，苗玉彬. 带有并联结构六维力传感的精密装配机械手［P］. 中国发明专利：200810044902.5，2008－01－16.

［100］ 戴建生. 旋量代数与李群、李代数［M］. 北京：高等教育出版社，2014.

［101］ 殷玲. 基于螺旋理论的 3－PRUU 并联机构的奇异位形分析［D］. 天津：河北工业大学，2014.

［102］ 陈海. 基于螺旋理论的解耦混联/并联机构型综合研究［D］. 无锡：江南大学，2016.

［103］ 蔡昀宁. 基于螺旋理论的 2PRS/2PUS 并联工作台奇异性分析［D］. 杭州：浙江大学，2017.

［104］ 黄真，赵永生，赵铁石. 高等空间机构学［M］. 北京：高等教育出版社，2006：195－201.

［105］ 杨永旺. 基于空间机构学的赛车转向梯形机构优化设计［J］. 农业装备与车辆工程，2014，52（08）：27－30.

［106］ 初亮，鲁和安，彭彦宏，代淑云. 空间机构学理论在断开式转向梯形

分析及优化中的应用［J］．农业机械学报，1999（04）：78－83．

［107］杨成昱，孙炯，王德石．基于空间机构学理论的摆盘发动机动力学分析［J］．机械制造，2006（08）：32－34．

［108］刘晓宇．Stewart 六维力传感器优化设计［D］．航天动力技术研究院，2019．

［109］郑泽鹏，丁海鹏，王国安，等．一种六维力传感器及改善六维力传感器温度漂移的方法［P］．中国发明专利，ZL201810882484．5．

［110］佟志忠，姜洪洲，何景峰，黄其涛．复合单叶双曲面上广义 Gough-Stewart 并联机构加速度传感器各向同性优化设计［J］．机械工程学报，2014，50（13）：35－41．

［111］熊有伦．机器人力传感器的各向同性［J］．自动化学报，1996（01）：10－18．

［112］佟志忠，姜洪洲，何景峰，张辉．基于复合单叶双曲面的广义 Gough-Stewart 结构六维力传感器各向同性优化设计［J］．航空学报，2013，34（11）：2607－2615．

［113］佟志忠，姜洪洲，何景峰，段广仁．基于单叶双曲面的标准 Stewart 并联结构六维力传感器各向同性优化设计［J］．航空学报，2011，32（12）：2327－2334．

［114］姚建涛，侯雨雷，毛海峡．Stewart 结构六维力传感器各向同性的解析分析与优化设计［J］．机械工程学报，2009，12（45）：22－28．

［115］牛智．过约束正交并联六维力传感器基础理论与实验研究［D］．秦皇岛：燕山大学，2018．

［116］李颖康．基于重载并联六维力传感器的静态标定实验研究［D］．秦皇岛：燕山大学，2018．

［117］郑朝阳，翟其建，赵金鹏．一种机器人六维腕力传感器的标定方法［J］．自动化与仪表，2018，33（01）：41－45＋50．

［118］阎志伟．Stewart 平台式六维力传感器静态标定的理论与实验研究［D］．秦皇岛：燕山大学，2004．

［119］厉敏．大量程六维力传感器信号消噪及静态解耦研究［D］．秦皇岛：燕山大学，2011．

［120］宋伟．六维力传感器优化设计及静动态特性研究［D］．淮南：安徽理工大学，2010．

［121］孙永军．空间机械臂六维力/力矩传感器及其在线标定的研究［D］．哈尔滨：哈尔滨工业大学，2016．

［122］ 宋伟山，李成刚，王春明，宋勇，吴泽枫. 8/4 - 4 分载式并联六维力传感器建模与分析［J］. 压电与声光，2019，41（03）：392 - 395.

［123］ 李映君，韩彬彬，王桂从，黄舒，孙杨，杨雪，陈乃建. 基于径向基函数神经网络的压电式六维力传感器解耦算法［J］. 光学精密工程，2017，25（05）：1266 - 1271.

［124］ 刘砚涛，郭冰，尹伟，吴兵. 六维力传感器静态标定及解耦研究［J］. 强度与环境，2013，40（01）：44 - 49.

［125］ 武秀秀，宋爱国，王政. 六维力传感器静态解耦算法及静态标定的研究［J］. 传感技术学报，2013，26（06）：851 - 856.

［126］ Seungjin Choi. Independent Component Analysis［M］. Springer Berlin Heidelberg, 2009.

［127］ Aapo Hyvärinen, Erkki Oja. A Fast Fixed-Point Algorithm for Independent Component Analysis［J］. Neural Computation, 1997, 9（7）: 1483 - 1492.

［128］ Pierre Comon. Independent Component Analysis, a New Concept［J］. Signal Processing, 1994, 36（3）: 287 - 314.

［129］ Hyvärinen A. A Family Of Fixed-Point Algorithms For Independent Component Analysis［C］// 1997.

［130］ Hyvarinen, A. Fast and robust fixed-point algorithms for independent component analysis［J］. IEEE Transactions on Neural Networks, 10（3）: 626 - 634.

［131］ C. F. Beckmann, S. M. Smith. Probabilistic independent component analysis for functional magnetic resonance imaging［J］. IEEE Trans Med Imaging, 2004, 23（2）: 137 - 152.

［132］ Oja, Erkki, Yuan, Zhijian. The FastICA Algorithm Revisited: Convergence Analysis［J］. IEEE Transactions on Neural Networks, 17（6）: 1370 - 1381.

［133］ Z. Koldovsky, P. Tichavsky. Efficient variant of algorithm fastica for independent component analysis attaining the cramer-RAO lower bound［C］// Statistical Signal Processing, 2005 IEEE/SP 13th Workshop on. IEEE, 2005.

［134］ Petr Tichavský, Zbyněk Koldovský, Erkki Oja. Corrections to "Performance Analysis of the FastICA Algorithm and CramÉr-Rao Bounds for Linear Independent Component Analysis"［J］. IEEE Transactions on Signal Processing,

2008，56（4）：1715 – 1716.

[135] 王建雄，张立民，钟兆根. 基于 FastICA 算法的盲源分离 [J]. 计算机技术与发展，2011，21（12）：93 – 96.

[136] 汪斌，王年，蒋云志，等. 改进 FastICA 算法在谐波检测中的应用 [J]. 电力自动化设备，2011，31（3）：135 – 138.

[137] 贾银洁，许鹏飞. 基于 FastICA 的混合音频信号盲分离 [J]. 太赫兹科学与电子信息学报，2009，7（4）：321 – 325.

[138] 粘永健，张志，王力宝，等. 基于 FastICA 的高光谱图像目标分割 [J]. 光子学报，2010，39（6）：1003 – 1009.

[139] 庞国仲，陈振跃. 鲁棒稳定性和鲁棒对角优势的关系 [J]. 自动化学报，1992（03）：273 – 281.

[140] 蒋毅恒，李霄飞. 对角优势的分析与综述 [J]. 电力情报，2000（03）：8 – 11.

[141] 荆天，史玉英. 对角优势矩阵及其迭代性质 [J]. 安康学院学报，2008，20（06）：82 – 84.

[142] 阳涵疆，李立君，高自成. 基于旋量理论的混联采摘机器人正运动学分析与试验 [J]. 农业工程学报，2016，32（09）：53 – 59.

[143] 左骏秋，张磊，喜冠南，帅立国，施伟杰. 关节半解耦6自由度服务机器人的设计与运动学研究 [J]. 机械设计，2017，34（06）：88 – 94.

[144] 朱建文，周波，孟正大. 基于 Adams 的 150 kg 机器人运动学分析及仿真 [J]. 工业控制计算机，2017，30（07）：82 – 84 + 87.

[145] 刘志，赵正大，谢颖，任书楠，陈恳. 考虑结构变形的机器人运动学标定及补偿 [J]. 机器人，2015，37（03）：376 – 384.

[146] 陈志稳，陈少克. 基于 ADAMS 四自由度抓取机器人运动学分析及仿真 [J]. 机电工程技术，2018，47（12）：68 – 71.

[147] 卢军，余文英. 冲压上下料机器人的运动学分析与优化设计 [J]. 锻压技术，2017，42（05）：74 – 80.

[148] 李占贤，韩静如，王志军，崔冰艳. 机器人力觉示教的力控制及仿真分析 [J]. 机械设计与制造，2019（02）：246 – 248 + 252.

[149] 刘立君，戴鸿滨，高洪明，吴林. 力觉遥示教姿态几何平面法 [J]. 中国机械工程，2008（18）：2249 – 2252.